U0111998

大展好書　好書大展
品嘗好書　冠群可期

大展好書　好書大展
品嘗好書　冠群可期

休閒娛樂　16

常見花卉栽培

武漢市園林局
武漢市園林科學研究所　編著

大展出版社有限公司

國家圖書館出版品預行編目資料

常見花卉栽培／武漢市園林科學研究所　著
　　──初版，──臺北市，大展，2005〔民94〕
　　面；21公分，──（休閒娛樂；16）
　　ISBN 957-468-391-5（平裝）
　　1.花卉─栽培
435.4　　　　　　　　　　　　　　94006892

湖北科學技術出版社授權中文繁體字版

常見花卉栽培

ISBN　957-468-391-5

著　　者／武漢市園林局　武漢市園林科學研究所

責任編輯／曾　　素

發 行 人／蔡 森 明

出 版 者／大展出版社有限公司

社　　址／台北市北投區（石牌）致遠一路2段12巷1號

電　　話／（02）28236031・28236033・28233123

傳　　眞／（02）28272069

郵政劃撥／01669551

網　　址／www.dah-jaan.com.tw

E－mail ／service@dah-jaan.com.tw

登 記 證／局版臺業字第2171號

承 印 者／翔盛印刷有限公司

裝　　訂／建鑫印刷裝訂有限公司

排 版 者／弘益電腦排版有限公司

初版1刷／2005年（民94年）7月

定　價／280元

前　言

　　花卉，人人喜愛。種花養花，已成爲現代人的業餘愛好之一。花卉千姿百態，艷麗芬芳，五光十色，絢麗多彩。不論是山茶花或杜鵑花濃烈的色彩，還是水仙花或蘭花淡雅的打扮，都別有風味，令人心曠神怡。

　　我國花卉栽培已有 2700 多年的歷史。遠在戰國時期，吳王夫差就在會稽建梧桐園，「所植花木，類多茶花海棠。」秦漢大建宮苑，「奇果佳樹，名花異卉」，廣爲搜集。晉代已廣泛栽培菊花、芍藥，還從南方鄰國引進奇花異木 80 種。隋朝在洛陽闢建歸仁園，種「有牡丹千株」。唐郭橐駝著《種樹書》，詳論嫁接繁殖法，推進了花卉的發展。宋代花卉發展更快，有關花卉的著作亦盛極一時，其中最著名的有歐陽修的《洛陽牡丹記》，周敘的《洛陽花水記》，史鑄、范成大、劉蒙泉、史正志等的《菊譜》，王觀的《芍藥譜》，范成大的《梅譜》，王桂學的《蘭譜》以及陳思的《海棠譜》，等等。元代文化處於低落時期，花卉栽培亦趨衰退。到了明代，花卉園藝又逐漸興盛，栽培品種顯著增加，綜合性的園藝專著，如周文華的《汝南圃史》、王象晉的《群芳譜》、王路的《花史左編》，在園藝界都是久享盛名的。清人陳淏子的《花鏡》及佩文齊的《廣群芳譜》，共同形成了中國園藝獨特的、傳統的花卉栽培文獻，至今都爲我們提供了寶貴的借鑒作用。

　　建國以後，我國園林事業有了很大的發展，花卉栽培也相應昌盛起來。爲了適應花卉愛好者和城市園林綠化的需要，我們組

織力量編寫了本書，分為兩部分，第一部分概述了花卉栽培的基本知識，第二部分介紹了一百多種常見各類花卉的栽培方法。由於時間倉促，編者水準有限，書中不妥和錯誤之處在所難免，希望讀者批評指正。

　　本書主要由畢庶昌、傅雲英、馬祥雲、鄭德湘、周紹馥、張行言、鍾達蘭、劉德莉、萬鵬、余開來等編寫；插圖由中國科學院武漢植物研究所蔣祖德等六位繪製；在花卉栽培上有豐富實踐經驗的老師傅柯惠堂、畢子斌、彭文欽、尹業精等提供了寶貴的資料，在此一併致以謝意。

　　本書至 80 年代初版後，曾修訂補充過一次，新增內容由中國科學院武漢植物研究所官兆生高級工程師撰寫，在此致以謝意。

編　　者

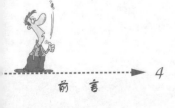

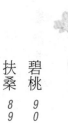

1. 養花基礎

■ 花卉的分類
■ 花卉的生長條件
■ 花卉的繁殖
■ 花卉的盆栽
■ 病蟲害防治
■ 留種與選種
■ 花期的控制

花是植物的繁殖器官。在園藝上，「花」是指姿態優美、色彩艷麗、氣味香馥的觀賞植物。「卉」是草的總稱。花卉一般是指草本的觀賞植物，但在習慣上，往往廣泛地把有觀賞價值的灌木和可以盆栽的小喬木也包括在內，統稱為「花卉」。

花卉種類繁多，千姿百態，絢麗多彩，香氣沁人，歷來為人們所喜愛。用於布置公園，裝點庭院，可以創造出萬紫千紅、景色宜人的環境，使人們在工作之餘得到欣賞，令人爽心悅目，心曠神怡，從而消除疲勞，增進身心健康。置於窗臺、几案的奇花異草，又把自然美引進了室內，使室內春意盎然，生氣勃勃。

但是有不少愛花者，往往有意栽花花不發，原因在於沒有深入研究花卉的生長習性，不能掌握花卉的生活規律和栽培方法。只有根據理論聯繫實際的原則，多學習，多觀察，多實踐，才會不負栽花的有心人。

花卉的分類

花卉有很多種類，不同種類花卉的自然分布、生態習性、栽培方法以及用途的差異都很大。為了便於栽培管理和科學研究，園藝上常常按不同需要將花卉歸納分類。

（1）按生態習性可分為草本花卉、木本花卉和多漿植物等。

草本花卉的莖杆是柔軟的草質，有一年生、二年生和多年生之分。一年生草花在春季播種，當年夏、秋開花結實後就全株死亡，如鳳仙花、雞冠花、百日草等。二年生草花在秋季播種，以幼苗越冬，次春開花，夏秋結實後全株死亡，如金魚草、石竹類、七里黃、桂竹香等。多年生草花的地下部分（根或地下莖）

1.養花基礎

常以休眠狀態越冬，冬季地上部分枯死，春暖後可以重新萌發，也有保持四季常綠的，如萬年青、麥冬。多年生草花又根據地下部分的不同形態，分為宿根花卉和球根花卉。宿根花卉的根形態正常，如芍藥、菊花、玉簪。球根花卉的地下部分膨大成球狀或塊狀，俗稱為「莬」，如水仙的鱗莖、唐菖蒲的球莖、大麗花的塊根。

木本花卉的莖杆，木質堅硬，是多年生的，可連年開花，如月季、牡丹、茉莉等。

多漿植物及仙人掌類的莖或葉，肥厚多汁，如景天、龍舌蘭、仙人掌、仙人球等。

（2）按栽培條件可分為溫室花卉、露地花卉和水生花卉。

溫室花卉喜溫，原產熱帶和亞熱帶，在武漢等溫帶地區需在溫室中培養或越冬，如金蓮花、瓜葉菊、仙客來、香石竹、一品紅、吊蘭等。多漿植物和仙人掌類也需在溫室中培養。有些溫室花卉往往既不耐寒，又不耐高溫，一般在冬季以前進入溫室，次年春暖後出房培養或放進蔭棚。有的溫室花卉可全年不出溫室，如大岩桐。

露地花卉是指一年四季均在露地生長發育的花卉，如一串紅、半支蓮、三色堇、金盞菊等。露地球根花卉有唐菖蒲、美人蕉、大麗花等；露地宿根花卉有芝麻花、美女櫻、萱草、紫苑等；露地木本花卉有月季、牡丹、梅花、臘梅等。

水生花卉是指生長在水中或沼澤地的花卉，如荷花、睡蓮等。

（3）按用途還可分為花壇花卉、盆栽花卉和切花花卉。

花壇花卉以露地花卉為主。盆栽花卉是以盆栽形式，裝飾室內及庭園的盆花，如扶桑、文竹、一品紅、金柑、蜜橘等。切花

花卉是將花枝切下，用來插瓶，或扎成花束、花籃，如唐菖蒲、月季、非洲菊、菊花等。

此外，依觀賞部位的不同，可分為觀花類、觀果類及觀葉類等。

花卉的生長條件

花卉生長發育需要一定的水分、光照、溫度、空氣和肥料等外界環境條件。不同的花卉對於這些條件的要求各有差異，而且各種環境因子之間，彼此促進，相互制約，綜合影響著花卉的生長發育。要使花卉生長健壯，開花繁茂，必須研究各種環境因子與花卉生命活動的相互關係，並在栽培時加以調節和控制。

●水　分

水是植物體生存的重要條件。只有在水分供給充足的條件下，植物體才能進行正常的生命活動。水分供給不足，種子就不能萌發，幼苗也不能生長，光合作用、蒸騰作用等生命活動都不能正常進行。嚴重缺水會造成全株死亡。但是，水分過多又會造成植株徒長，還能抑制花芽的分化；適當節制水分，可促使花芽的形成，如梅花在形成花芽的 6～7 月份，一定要控制供水量。

花卉對水分的需要量與花卉的種類、發育階段以及季節變化也有密切關係。水生花卉必須長期生活在水濕的環境中。多漿植物則能忍受較長時間的乾旱。一二年生花卉多數既不耐旱，又怕漬水，尤其是球根花卉，在漬水過多的地方就會腐爛。草本花卉比木本花卉需水量多。葉片柔軟寬大、光滑無毛的種類，比葉片小、被蠟質或革質的種類需水量多。同種花卉在生長旺盛時需水

量多，在休眠期或結實期需水量少。當夏季炎熱或空氣乾燥時，花卉蒸騰作用加強，需水量比冬季或潮濕環境大得多。

花卉所需要的水分，主要是從土壤中吸取，所以要求有適當的土壤濕度，一般土壤含水量以60%～70%為宜。如超過80%，則土壤中空氣含量減少，根的呼吸作用受到抑制，根系即停止生長並容易腐爛。土壤過於乾燥，土壤溶液的濃度加大，易使根細胞發生反滲透作用而死亡。總之，土壤過乾過濕，均會造成不良後果，在栽培中既要注意灌溉及時，又要注意排水良好。

花卉對空氣濕度也有一定的要求。溫室花卉要求較高的空氣濕度（70%～80%），熱帶蘭等有氣生根的種類及鳳尾草等喜濕植物，更需保證較高的空氣濕度。扦插苗在空氣濕度飽和時，能使蒸騰作用減少，從而提高成活率。但是，對大多數花卉來說，空氣濕度過大，會使幼苗容易感染病害，直至凋萎。特別是在溫室密閉的環境下，必須及時通風換氣，適當降低空氣濕度。

●溫　度

各種花卉都要在適宜的溫度條件下，才能迅速而健壯地生長發育，溫度過高或過低均會使花卉受到損傷。根據花卉對溫度的不同要求，可分為耐寒性、半耐寒性和不耐寒性三類。耐寒性的如二年生花卉和宿根花卉，有三色堇、矢車菊、雛菊、蜀葵、菊花等。半耐寒性的有月季、金柑、美人蕉等，需要稍加保護，方可露地越冬。宿根花卉和半耐寒性的木本花卉，在生長後期要多施鉀肥（草木灰），控制氮肥，減少水分供應，促使植株老熟，增強抗寒力。入冬休眠後，進行冬耕壅土，並施濃肥（人糞尿或廄肥），以升高土溫，次年春暖再挖開土堆。不耐寒性花卉多為一年生花卉，生長期要求較高的溫度，在霜前開花結實，以種子

越冬。原產在熱帶和亞熱帶的花卉，也是不耐寒性花卉，它們必須在溫室或溫床中才能正常生長和越冬，如仙人掌、大岩桐、仙客來、瓜葉菊、米蘭等。

溫室花卉按其耐寒力的差異，可分批進溫室。第一批進溫室的時間是 11 月中旬，即第一次寒潮到來之前，有一品紅、扶桑、變葉木等；第二批進溫室的時間是早霜前，如茉莉、白蘭、米蘭、珠蘭、天竺葵等。次春清明前後，陸續搬出溫室。在進出溫室時，都應注意逐漸地升溫和降溫，並經常注意室內通風，使花卉能適應環境的變化。

花卉的耐熱力也依種類而不同，一般耐寒性強的耐熱力弱。有的溫室花卉特別不耐夏天炎熱，如吊鐘海棠、仙客來、君子蘭、大岩桐等。我國不少地方夏季氣溫高達 40℃，應採取各種措施保護花卉越夏。如搭蔭棚，減少陽光直射（必要時加蓋雙層簾）；溫室兩面開窗，保持空氣流通，屋面淋水，控制溫度在 30℃以下；葉面噴水及地面淋水降溫；還可以由修剪控制生長，如吊鐘海棠；也有改變播種期，避開炎夏，如金蓮花等。

花卉在不同的發育階段對溫度的要求也不一樣。如一年生花卉在種子萌發階段要求溫度較高，幼苗期間要求溫度較低，幼苗逐漸長大直到開花結實，要求溫度逐漸升高。

二年生花卉在種子萌發過程中要求溫度較低，幼苗期間要求溫度更低，這樣才能順利通過春化階段，促使花芽形成。春化作用是植物在形成花芽前必須經過的感溫階段，在這個階段中，二年生花卉需要的溫度是 0～10℃之間，而一年生花卉只要 5～12℃的溫度。也有一些花卉在春化階段中對溫度要求不嚴。生產上常用升溫或降溫處理來控制花期。春化階段既可在種子萌發過程中通過，也可在幼苗階段通過。

1. 養花基礎

提高土溫，能促進花卉種子的萌發和根系的生長，如月季花的根系發育，以16～20℃的溫度為最好。利用塑料薄膜做成棚架覆蓋地面，不僅增加了空氣溫度，也增加了土壤溫度，對花卉生長有明顯的促進作用。此外，增施有機肥料、鬆土、設風障，都是提高土溫的有效方法。

● 土　壤

花卉栽培所用的土壤，應該具有良好的團粒結構，肥沃疏鬆，排水良好，酸鹼度合適。

在花卉栽培中，一般根系細弱的種類、球根類及花卉幼苗，多採用沙質壤土，以利根系生長。沙質過強的土壤，不利於保肥保墒，可摻黏土或腐殖土；過黏的土壤排水不良，常造成空氣缺乏，使根部腐爛，尤其是球根和宿根花卉，更不能漬水，可摻河沙或粗糠灰加以改良。

土壤過酸或過鹼，都對花卉生長不利。多數露地花卉要求近中性的土壤（pH值為7左右），溫室花卉則喜酸性或微酸性土壤（pH值小於7）。少數種類要求土壤酸性較高，如杜鵑、山茶要求pH值為4～5的土壤，這類花卉在鹼性或中性土壤中會發生黃化現象，可施用適量的硫酸亞鐵（黑礬），或用硫磺粉中和鹼性，增加土壤酸度。反之，若土壤酸性過強，可加入適量的石灰或草木灰予以中和。

土壤中常含有各種病菌，栽培花卉前要進行消毒。最簡單的消毒方法是伏天將土壤鋪在水泥地面暴曬3～5天，並經常翻動。少量的可用藥物或蒸氣消毒。

近年來，無土栽培在花卉方面也已開始應用，如水培、沙培、礫培、噴霧水培、水汽培等。無土栽培雖然投資較大，但產

量高，又節省了土壤的耕作管理，減少了病蟲害的發生，有利於花卉生產工廠化，很有發展前途。

● 肥　料

肥料是植物營養的來源，大部分肥料是透過土壤供植物吸收的。如果土壤裡肥分不足，就要施肥，人為地向花卉提供足夠的養分。

氮、磷、鉀是植物營養的三要素，在花卉栽培中需要量也很大。一般在營養生長期多施氮肥，進入開花結實期，就應增加磷肥，減少氮肥，否則會徒長枝葉，延遲花期。

球根花卉應多施鉀肥，促進地下部分的生長。還有一些微量元素，如硼、錳、鐵等，雖然需要量很少，如若缺乏，也會引起營養不良症，所以必須合理施用。

肥料分為有機肥料和無機肥料。有機肥料是動植物的殘體或排泄物經腐爛發酵而成，氮、磷、鉀含量豐富，能增加土壤肥力，改善土壤物理結構，在花卉栽培中普遍使用。常用的有機肥料有人糞尿、家禽糞、堆肥、廄肥、魚腥水、骨粉、豆餅、湖泥、米糠等等。此外，有一些工業廢水、廢料經過化驗，有的可利用生產腐殖酸肥料，這種肥料對於提高土壤吸熱力，保肥蓄水，改善土壤結構有一定作用，建議推廣使用。

無機肥料即化學肥料，如尿素、過磷酸鈣、氯化鉀等。它施用方便，肥效快，但一般肥分單一，易流失，施用不當會造成植株灼傷和土壤板結，在花卉栽培中應用較少，需要施用時，每次用量和濃度不宜過大。目前市場上有多種全營養和多營養的復合顆粒肥料，使用均很方便，可合理選用。特別是緩釋顆粒肥料，使用安全，肥效長。

● 光　照

　　沒有光照就沒有綠色植物。大多數花卉必須在充足的陽光下才能花繁葉茂。

　　按照花卉對光照的需要程度可分為陽性花卉、中性花卉和陰性花卉。大部分露地花卉及溫室中的仙人掌類、瓜葉菊、小蒼蘭、鶴望蘭、天竺葵等屬於陽性花卉，在生長期喜強光，不能忍受任何遮蔭。若放在陰處，則枝條纖細，節間伸長，不易開花。

　　在溫室中，陽性花卉應放在南面的高架上，花盆之間保持一定距離，以防相互遮光。陰性花卉要求適度遮蔭，不能忍受強光直射，如天南星科、蘭科、蕨類等。這些花卉夏季在陰棚中生長，冬季在溫室中置於繁殖臺的下層。中性花卉在弱光下生長良好，如杜鵑、海棠類等。

　　光照的時間和強度，往往能影響花卉的形態。強烈的光照會使觀葉類的葉片增厚，葉色變淡，因而降低觀賞價值。所以，觀葉花卉對光照要求較低，如萬年青、文竹等。觀花植物需要在充足光照下才能製造大量養分，形成花蕾，使花色鮮艷。

　　不同種類的花卉，對於光照時間的長短有不同的要求。在形成花芽前，要求每天 12 小時以下光照的花卉，屬於短日照植物；菊花、一品紅、九重葛等秋冬開花的花卉多為短日照植物；要求每天 12 小時以上光照的花卉，屬於長日照植物。而秋播春夏開花的二年生花卉多為長日照植物，如金盞菊、雛菊、香豌豆、桂竹香等。還有一些花卉對日照長短沒有明顯反應，如百日草、萬壽菊、大麗花等，稱為中性植物。

　　在花卉栽培中，必須滿足各種花卉對日照長短的要求。還可以利用延長或縮短光照時間的方法，進行人工催、延花期，使不

同花期的花卉在同一時期內開放，以便在節日百花齊放。人工補充光照，通常採用弧光燈、日光燈、白熾燈等，一般 60 瓦燈光照明的有效面積為 4 平方公尺。縮短光照時間的方法是將花卉搬入暗房，或用黑塑料布作遮光處理。處理時，應注意遮光的嚴密性和連續性，夜間適當通風，否則前功盡棄。

花卉的繁殖

花卉的繁殖，分有性繁殖和無性繁殖。有性繁殖就是用種子播種繁殖後代。無性繁殖又叫營養繁殖，是用植物的營養器官（根、莖、葉）的一部分，培養成新的植株，方法有扦插、分株、嫁接和壓條等。

組織培養是花卉繁殖、育種的新方法，即採用植物組織的一部分，甚至單個細胞，放在試管培養基中培養出完整的新幼苗。組織培養能保存品種的優良特性，具有繁殖速度快、育種時間短、一次繁殖量大等優點。現在，全國各地都在開展利用組織培養進行花卉生產的工作。

◉播　種

播種繁殖適用於絕大部分花卉，一般有露地播種和盆播兩種。

（1）露地播種應選擇地勢高燥、平坦、背風向陽、土壤疏鬆、排水良好的地方。若地下水位高，年降雨量多，應採用高床育苗。床面寬 1 公尺，床底寬 1.2 公尺，床高 0.3 公尺，過道寬0.5 公尺。應在晴天和土壤較乾燥時作床。土地要深耕細整，並進行土壤消毒和施入底肥。

（2）盆播要將播種盆內的排水孔用碎瓦片覆蓋。然後將事先準備好的乾燥培養土過篩，粗粒放於盆底的1／3處，上面放1／3的中等細土，最上面放最細的培養土，刮平待用。

播種前，要選準品種，並且是顆粒飽滿、無病蟲害的優良種子。

播種時間多在春季或秋季。春播一般為3月下旬，秋播為8～10月份。一年生花卉如千日紅、孔雀草、紫茉莉、五彩椒等多用春播，二年生花卉如紫羅蘭、蛇目菊、虞美人、羽衣甘藍等多用秋播。生長期短的花卉，如鳳仙花、百日草等，可分期播種，以延長花期。

中粒種子多用條播，先開淺溝，後將種子分行播下。細粒種子則與細土均勻混合，然後撒入播種盆內，用木板輕壓表土，使之密合，並將播種盆放入淺水池，慢慢浸水，直至土面濕潤為止，避免用噴壺澆噴而沖動種子。大粒種子和珍貴的種子多用點播，每穴播1～3粒，播後覆細土，厚度約為種子的2倍，然後澆水，並用稻草覆蓋，保持溫、濕度，防止表土板結。播種完畢後，常畫種植圖，以防混雜。

種子萌發需要均勻合適的土溫，一般以15～25℃為宜。有些珍貴的或需要高溫發芽的種子，應在溫室或溫床內播種。播後將播種箱、盆加蓋玻璃或稻草，置於半蔭處。玻璃一端留縫隙，以通空氣。

播種後，經常觀察發芽情況，並防除病蟲、雜草，待70%種子發芽時，揭開遮蓋物，逐漸給予日照。出現2～3片真葉時，可開始間苗，以利通風透光。長出4～5片真葉時，即可移栽。移栽多在陰天或下午4～5點鐘以後進行，要注意帶好根系和隨根土。

生產中目前常採用穴盤育苗的方法，根據種子和植株的大小有不同規格的穴盤。利用穴盤育苗管理靈活方便，環境控制容易，出苗整齊一致，省工省料，移栽成活率高，是目前花卉生產中較為先進的育苗方法。

● 扦　插

扦插是無性繁殖的主要方式，一般多用枝插、葉插和根插。

（1）枝插是剪取枝條的一部分作為插條，在適當條件下產生新根、新芽而成為獨立植株。採用已木質化的枝條作插條的稱為硬枝插，採用半木質化的枝條作插條的稱為嫩枝插。在花卉生產上多用嫩枝插。

嫩枝插在生長季節進行，可分為春插（2～4月份）、夏插（5～6月份）和秋插（9～10月份）。有的種類在溫室條件下一年四季都可扦插。嫩枝插的插條要選擇健壯枝梢上未老熟變硬的幼嫩部分。插條一般長6～12公分，帶一至數葉，刀口要求平滑，基部可平截，也可剪成斜面。

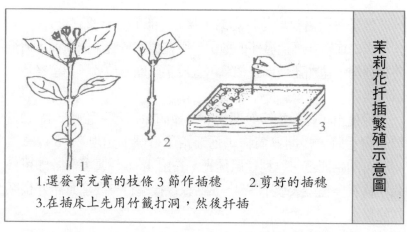

1.選發育充實的枝條3節作插穗　　2.剪好的插穗
3.在插床上先用竹籤打洞，然後扦插

茉莉花扦插繁殖示意圖

1.養花基礎

插條入土部分不宜帶葉，上端葉片若過多，可除去一半。插入深度一般不超過長度的 1／3，注意不能倒插。插後要澆透水，並避免日光直射，可搭架蓋葦簾遮蔭，待長出根後即可除去。如果能夠解決噴霧問題，保持較高的空氣濕度，則不必遮蔭。

全日照自動噴霧扦插，就是在全光照的條件下，對嫩枝插條進行自動噴霧，保持空氣濕度為 80% 以上，在炎夏扦插月季，僅 8 天就開始生根，成活率達到 90%。但插壤一定要選擇透氣排水良好的材料，如黃沙、粗糠灰、蛭石、碎爐渣等。此法簡便易行，值得大力推廣。

仙人掌及多漿植物，多用其短小分枝或小球作插條，大分枝可分割成數塊。這類插條本身含有大量水分和養分，在扦插前應放在陽光下暴曬數小時或在陰處放置 1～2 天，使切口呈萎蔫狀態，以防腐爛。插後也須保持乾燥狀態，不能經常澆水。莖有乳汁的插條，如大戟科及桑科的部分植物，在扦插前需將插條放在 30℃ 左右的溫水中將乳汁洗去。

硬枝插是在冬季落葉後、次年春季發芽前，選擇前一年或當年生的充實枝條，截成 10～12 公分長，每個枝條具 2～3 個芽，基部在芽下 1～2 公分處剪截，剪口要平滑。木本花卉多用硬枝插，如山茶、茉莉等。

（2）葉插多用於秋海棠類和大岩桐等葉片有再生能力的種類。秋海棠類的葉插法是選用成熟的葉片，用利刀將葉脈橫切數刀，平鋪插壤上，切口處與插壤密接。大岩桐則常將全葉柄斜插入濕沙中，保持較高的插壤濕度和空氣濕度，但葉面要盡量不沾

水，以免腐爛。有些種類如橡皮樹，其葉柄和葉脈可長出不定根，所以，必須用基部帶有一個芽的葉進行扦插，才能形成新株，這又叫葉芽插。

（3）根插是以根作為插穗，常選用靠近母株根莖部附近中等粗的支根，長約 5～10 公分，直插或斜插入土。大頭為上端，小頭為下端，不可倒插。根的上端與土平齊或稍凸出，待新芽長出後，再適當培土。適於根插的花卉有凌霄、薔薇、紫藤等。

土溫的升高有利於根系的生長。一般花卉生根的適宜溫度為 20℃左右，溫室花卉為 25～30℃。在土溫高於氣溫 3～5℃時，可促使先發根後發芽，成活率可大大提高。

用生長刺激素或高錳酸鉀等藥劑處理插條基部，可促進生根。常用的生長刺激素有 α-萘乙酸鈉、β-吲哚丁酸等。嫩枝插一般用濃度為 20ppm～50ppm（1ppm 為百萬分之一）的溶液浸泡半小時，硬枝插用 100ppm～200ppm 的溶液浸泡 16 小時，用濃度 500ppm 快蘸 5 秒鐘亦可。用生長刺激素加滑石粉配成一定比例的粉劑（硬枝插用 1000ppm～2000ppm，嫩枝插用 500ppm～1000ppm），隨蘸隨插也可。經過生長刺激素的處理，能加強插條的新陳代謝和插條內部有機物的積累，從而促進發根。但如果生長刺激素的濃度過大，反而對生根有抑制作用。

● 壓　條

壓條繁殖是將母株枝條埋入土內，給予生根條件，待其生根後，再與母株割離成獨立植株。由於在生根過程中可以得到母株的營養，所以成活率高。

壓條適用於枝條叢生或匍匐地面的花木。方法是在母株周圍開 10～15 公分深的小溝，將母株枝條或莖蔓埋壓溝底，頂端露

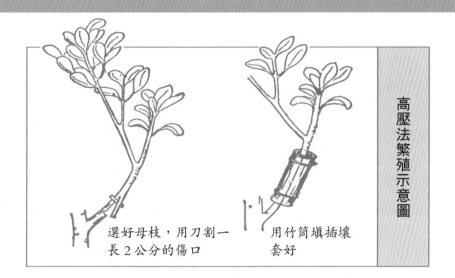

選好母枝，用刀割一
長 2 公分的傷口

用竹筒填插壤
套好

出地面，再將溝中填土並拍緊，保持土壤濕潤。埋入土中的部分可環割 2～4 公分的傷口，深度不可傷及木質部，皮層要剝乾淨。如用生長刺激素處理，效果更好。

還有一種高壓法，是將枝條割傷或環狀剝皮，然後用對開的竹筒、有缺口的花盆或塑料薄膜合抱於割傷處固定，內填充培養土或青苔，經常保持濕潤，待生根後切離母株，另成新株。高壓法常用於枝條不易彎曲和不易萌　的花卉，如米蘭、山茶、白蘭等。

壓條繁殖，安全可靠，並能保持原種特性。但短時間不能大量繁殖，一般只用於難扦插成活的花卉。

● 嫁　接

將所需植物的一部分器官（枝或芽）移接在另一株植物上，使二者癒合生長在一起，成為一株新植物，稱為嫁接。用以嫁接的部分叫接穗，承受接穗的部分叫砧木。嫁接分枝接、芽接、靠

切接法繁殖示意圖

接等。

（1）枝接：

一般多在春季進行。因這時花木的樹液開始流動而又尚未萌芽，枝接容易成活。常用的方法有切接、劈接、靠接、平接、舌接等。

切接就是選取頭一年生長充實的枝條，剪成長約5～7公分的小段，每段留2～3個芽，作為接穗，用濕布包好。嫁接時，將接穗下端的一面削成2公分左右的斜面，另一面削成短斜面，然後將砧木距地面5公分左右處，擦淨泥土後剪斷，選擇較平滑

劈接法繁殖示意圖

的一側，稍帶木質部垂直切一平直光滑的切口，長度與接穗的切口相同。隨即將接穗直插入切口，注意兩者形成層對準，至少要使一側形成層密切結合，並用塑料薄膜帶綁緊，最後壅土保潮，並防止雨水浸入。切接多用於梅花、碧桃等。

劈接常用於菊花，方法是將砧木上部剪去，從髓心垂直切下約3公分的切口，接穗下端兩邊相對地各削一相等的斜面，使成楔形，然後插入砧木切口，至少一側形成層與砧木形成層密接，相接部位用大薊或小薊的皮套固定。在砧木截斷後，事先套上大小合適的皮套，再接接穗，然後將皮套向上推至接口處，成活後，皮套自然崩裂脫落。

平接常用於仙人掌類，方法是將接穗基部和砧木頂端均削成光滑平面，互相按緊，用線綁紮固定。砧木與接穗切口最好大小差不多，中心點要吻合對正。此法簡便，且易成活。

（2）芽接：

芽接多在夏末秋初進行，一般多採用「T」字形芽接。即選

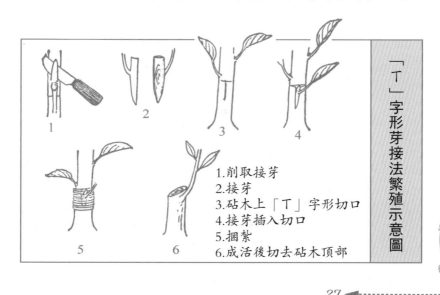

1.削取接芽
2.接芽
3.砧木上「T」字形切口
4.接芽插入切口
5.捆紮
6.成活後切去砧木頂部

「T」字形芽接法繁殖示意圖

取側芽飽滿的一年生枝條，除去葉片，僅留葉柄，先將側芽上方橫切一刀，後由下而上稍帶木質部一刀削下，並用刀尖挑去木質部，使芽片呈盾形。將砧木基部擦淨泥土，在距地面2～3公分的背陰面，用芽接刀劃一「丁」字形切口，並將「丁」字剝開，將盾形芽片插入，使芽片上端與「丁」字切口的橫刀口樹皮對齊，再用塑料膜帶綁緊，露出葉柄和芽。

（3）靠接：

靠接在植物生長期間進行，多用於白蘭等較難繁殖的植物。在嫁接成活前，接穗不切離母株，仍由母株供給水分和養分，所以較易成活。接前最好將砧木上盆，靠緊母株一側，以便嫁接時靠攏貼合。接時將母株和砧木的莖各切出長約4～5公分的切面，深達木質部，然後使形成層互相貼合併紮緊。待兩者癒合後，將接穗自接合部以下剪去，即成為一獨立的新植株。

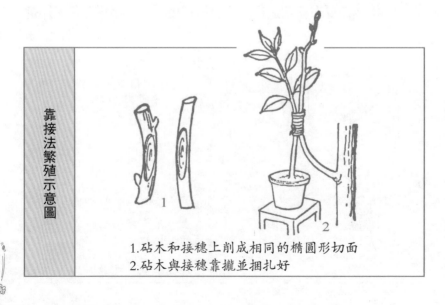

靠接法繁殖示意圖

1.砧木和接穗上削成相同的橢圓形切面
2.砧木與接穗靠攏並捆扎好

●分　球

唐菖蒲、晚香玉等球根花卉經過一個生長季後，地下一個老球可形成一至數個新球，每個新球基部還可產生許多小球，均可分栽繁殖。

水仙、百合等種類的鱗莖母球，也可產生數個子球，供繁殖用。百合還可以剝除鱗葉，進行扦插。為了促使多生子球，可在鱗莖上刻溝或挖孔。

大麗花的塊根可切割成數塊，分別栽植。因它的芽多集中於根和莖的交界處，切割時，務必注意帶芽，切後用草木灰拌合。大麗花應於秋天掘出，貯藏越冬，第二年春天分栽。

●分　株

分株多用於宿根花卉。如芍藥春天開花，秋天分株；菊花秋天開花，早春分株。

分株時，將全株掘起，按照根的自然縫隙，順勢用手掰開或用利刀切開。枝的數目與根的多少須分配得當，以保持上下平

29

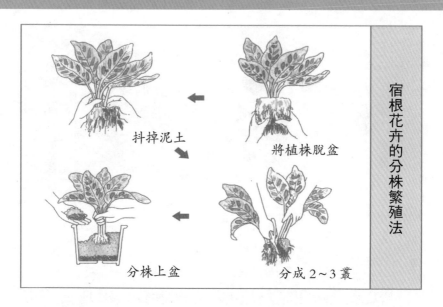

抖掉泥土

將植株脫盆

分株上盆

分成 2～3 叢

宿根花卉的分株繁殖法

衡，並除去爛根。有條件的，可在切口塗以木炭粉或硫磺粉消毒後再分栽。

　　由於它具有完整的根、莖、葉，故能迅速形成新的植株。通常一株分 2～3 株，不可分得過多。花卉中分蘗力較強的種類，常採用分株法繁殖，如麥冬草、蘭花、鳶尾、萱草等。

花卉的盆栽

　　將花卉植入花盆中進行培養，叫做盆栽。這是花卉園藝特有的栽培形式。盆栽可人為地調節光照、溫度、水肥、土壤等環境條件，可用來培養許多本地不能露地生長的花卉，也可把名貴花卉樹樁，專門上盆供觀賞。盆花既可裝飾室內，也可布置庭園。由於盆栽花卉生長在有限的土壤中，在管理上比露地花卉要求更加嚴格。

1. 養花基礎

●花盆的種類

花盆有素燒盆、塑料盆、紫砂盆、磁盆、釉盆、木桶和大缸等，盆底有一至數個排水孔。其中以素燒盆最經濟適用。紫砂盆和釉盆外形美觀，適於室內裝飾或作盆景用。大桶、大缸用於大型花木的栽培。

素燒盆又稱瓦盆，用黏土燒製，質輕而價廉，有紅、灰兩色。它質地粗糙，有很多毛細孔通水透氣，有利於根系生長。其規格不一，用途各異。必須按花苗大小選用適當的花盆，大苗栽小盆不合適，小苗栽大盆也不利於控制水肥。新盆用時應先用水浸透，舊盆要刮除泥土洗淨再用。

塑料盆透氣性不如素燒盆，但因其輕便靈活，可以做得比較美觀，價格也很低廉，不易損耗，目前被廣泛採用。還有一種廉價膜狀塑料盆，主要用於批量生產。

●盆栽的方法

（1）上盆：

播種苗長出 4 片真葉或扦插苗生根後，栽入適宜的花盆中，叫做上盆。通常先用三淺盆，不可一次移入大盆。

上盆時，先將瓦片蓋住盆底排水孔的一半，再用另一瓦片斜蓋其上，以利排水。盆底放些粗粒湖土，其上墊一些細粒湖土，最後填入培養土。花苗植於盆的中央，扶正，四周填滿培養土後，輕輕向上提一下，使根系舒展，並用手指壓緊盆土。盆土離盆口 3 公分左右，不宜過滿。花苗不能栽得過深或太淺。栽後澆足定根水，在陰處放置數日，以利成活。球根花卉上盆，應注意覆土深度，一般應為球徑的 2～3 倍。

名　稱	盆徑（公分）	盆高（公分）	用　　　途
三　淺	7～9	79	栽植各種幼苗
頭　沖	14～16	10～12	定植草花
中　放	18～20	16～18	定植草花
頂　放	25～27	20	宿根花卉和木本花卉
特　放	30～35	30	宿根花卉和木本花卉
播種盆	30	12～15	播種用

（2）換盆：

換盆的目的在於改善植株的營養狀況。由於花苗逐漸長大，根系布滿盆內，需由小盆換為大盆；另一方面，也可以重新換一次培養土，促進生長。

一二年生草花在開花前需換盆 1～2 次，花盆要逐漸加大。宿根花卉每年換盆 1 次，木本花卉隔年換盆 1 次，多在休眠期進行。換盆的同時，可施加底肥。

換盆時，先將花盆斜放，用手輕敲盆外，使土團與盆分離，一手握住花苗，用另一手的拇指從排水孔頂出土團，盡量勿使土團破散。然後削除土團外的枯根及根網和表層浮土，放於新盆中央，填入新培養土並壓緊，隨即澆水。花苗深度應保持原來狀況。宿根花卉在換盆的同時，可進行分株。

（3）轉盆：

陽性花卉在溫室生長時，頂梢常偏向朝陽一面，每隔 10 天左右應將花盆轉動方向 1 次，以使花頭端正朝上。各花盆之間應保持一定距離，以免互相影響光照和通風。

（4）施肥：

盆花在上盆和換盆時，多用堆肥、廐肥、餅肥、腐殖酸肥等作底肥，粉碎後混入培養土中。生長期間以用人糞尿、豆餅水等作追肥效果為佳。當前市場上有各種多營養或全營養的復合肥，效果也很好，被普遍採用。

如果用有機肥如人糞尿、豆餅等作追肥，要經過充分發酵腐熟，待其顏色發黑，方能使用。追肥時，取清液稀釋後施用，殘渣可留作底肥。

要注意薄肥勤施。用人糞尿作追肥的濃度，看苗的情況決定，一般為 10%～20%。一二年生草花在生長期每隔 7～10 天追肥 1 次。宿根花卉每年可追肥 3 次，即發芽時、開花前、開花後各施 1 次。球根花卉以底肥為主，一般不追肥。凡葉色濃綠、葉子變厚皺縮的，說明過肥，應停止施肥；而葉色發黃、葉片質薄者，說明缺肥，宜補施追肥。

不乾不追肥：要選擇晴天和盆土乾燥時追肥。盆土乾燥的標誌是土色發白，用手敲擊盆邊，聲音發脆。追肥前，應將一壟的盆花乾濕「吊齊」，然後方可追肥。一般在下午 4～5 點鐘太陽偏西後追肥。

追肥第二天早晨務必潑一次透水，否則根易發霉腐爛。長江中下游地區叫「解水」。

施肥時，避免沾污葉面，以免爛葉而失去觀賞價值。在炎夏和休眠期不宜追肥。

（5）澆水：

澆水是一項經常而細緻的工作，必須按季節、溫濕度、植株生長習性、生長狀態、土壤質地以及花盆大小，恰當處理。澆水的原則是「不乾不澆，乾則澆透」。即在盆土乾燥時才澆水，若盆土乾濕未定，應以偏乾為好。澆透的標誌是盆底的排水孔有水

滲出來。若一壠盆花之間乾濕不同，則應區別澆水。

花卉生長旺盛時澆水量要充足，開花之前澆水量減少，盛花期澆水量適當增加，結實期適當減少，至休眠期停止澆水或盡量減少澆水。春秋天隔日澆水 1 次，炎夏早晚各澆水 1 次，冬季每隔 3～4 日於中午澆水 1 次。冬季在溫室生長的花卉，每隔 1～2 日仍需澆水 1 次。夏天暴雨後，有積水的盆花，應側放倒出積水，以免爛根。

花圃和溫室常把水貯於水池中，數日後再用。澆花以清水為好，硬水和混泥水均不能澆花，漂白粉過多的自來水也不宜用。

播種盆育苗和幼苗上盆時，澆水多用盆浸法；稍大一些的花苗，可用噴壺淋水；一般盆花多用木瓢潑水；大面積則可用橡皮管引水。先進的灌溉方法是噴灌和滴灌。噴灌是用動力將水噴灑到空中，使它充分霧化後成為小水滴，像下雨一樣緩慢地落在地面。它還可結合施用化肥、農藥、除草劑等一起進行。滴灌是沿著管道將水或液肥慢慢施入植物根層。

（6）整枝：

花卉常用修枝整形的方法改進植株形態，提高觀賞價值，促進生長，催延花期，以達到花繁葉茂、姿態優美的目的。整枝修剪常與扦插繁殖結合進行。

修剪多用於木本花卉和宿根花卉。首先剪除枯枝、病枝、蟲枝、弱枝、交叉枝及併列枝等，然後視植物的株形，刪除過密的枝條及向內生長的枝條，對徒長枝則適當短截，控制生長勢，使植株通風透光，生長均勻，樹形美觀，年年開花繁多。

早春開花的種類應在花後修剪，如迎春、紫荊、丁香、金鐘、笑靨花、桃花、梅花等。一般用輕剪來維持樹形，同時疏去枯枝、病蟲枝、交叉枝、衰老枝、徒長枝等，也可適當疏剪弱

枝。或用重剪，促使一些需要更新的枝條復壯。

晚春或夏秋開花的種類，如月季、木槿、夾竹桃、芙蓉、石榴等，應在冬末或早春修剪。由於這類花卉的花都著生在當年生枝條上，因此，可適當重剪，促進新枝發生，使花開得繁茂。月季是不斷抽出新枝、不斷開花的，所以，除早春重剪老枝外，每次花謝後應及時除去殘花，並將新梢適當短剪，以促進新的花枝形成。

摘心也是整枝的一種方法，多用於草花。摘心就是摘除枝條頂芽，使其萌發更多的新枝，造成全株低矮，粗壯叢生，開出多數花朵。摘心既可控制植株外形，又能控制花期。一般從幼苗起，每半月摘心 1 次，至花前 20～40 天停止。適於此種整形的花卉較多，如菊花、一串紅、美女櫻、香石竹等。

為了使花朵開得大而美麗，只保留一定數量的花蕾，多餘的花蕾應剝去，使養分集中，這叫做剝蕾。剝蕾要分幾次進行，不能一次剝完，如菊花、大麗花等。

枝幹細弱的花卉，如牽牛花、蔦蘿、藤本月季等，可搭一定形狀的支架，使其蔓生攀繞。

● 盆土的配製

盆栽所用的土壤，是由各種土壤材料配製而成的培養土。其特點是肥力充足，土質鬆軟，空氣流通，排水良好，乾燥時不開裂，潮濕時不板結，灌水後不結皮，能很好地保潮供肥。

（1）配製培養土的材料：

配製培養土的材料很多，一般是因地制宜，就地取材。常用的主要有腐葉土、泥炭、廄肥土、湖土、渣子土、椰糠及園土。根據不同需要，還可摻入黃沙、粗糠灰等。

腐葉土又稱山泥，是酸性土壤（pH 值在 7 以下），棕黑色，氮磷鉀含量較多，手捏成團，丟下即散。多於陰坡樹林下低凹處挖取，也可人工製作。製作的方法是一層樹葉和一層土交替堆成大堆，每層 10～15 公分，土堆當中稍凹，可加入人糞尿，腐熟後即可使用。

廄肥土由各種動物糞便與土交替堆製腐熟而成。用豬糞、牛糞堆製的較黏重，由羊糞、馬糞、鹿糞、雞鴨糞堆製的較輕鬆，呈微酸性。

湖土是挖取黏質湖泥堆積曬乾，經過風化、過篩、分級而成。這種土團粒結構好，富含養分，排水良好，呈微酸性。

渣子土又稱垃圾土，由生活垃圾堆積腐熟而成，富含養分，質地適中，呈微鹼性。一般自然堆放 2～3 年的渣子土最好，時間太長，肥力就差，使用前需過篩和消毒。

園土是花圃地表的土，一般較肥。但各地園土的酸鹼性相差很大。

此外還有一種火灰土，是用枯枝落葉、雜草等加土薰燒而成。雖然肥分不多，但物理性狀好，通氣、排水良好，不易板結。適宜於栽培多種草花和仙人掌類植物。

各種培養土製作以後，必須分門別類置於室內，不能放在露地日曬雨淋。培養土貯存期間稍偏乾為好。

（2）培養土的配製：

培養土是按植物的不同需要臨時配製的。先將各種土壤材料分別進行消毒、破碎、過篩以後，按體積比例配合。常用的配方有 3 種：

黏重培養土：湖土 5 份，腐葉土 2 份，垃圾土 1 份，黃沙 2 份。

中培養土：園土4份，腐葉土4份，黃沙2份。

輕鬆培養土：園土2份，腐葉土6份，黃沙2份。

在生產中，有時也不完全按以上配方配製，而是因地制宜，就地取材。山茶、杜鵑等喜酸花卉，以腐葉土為主。白蘭、米蘭、茉莉以湖土為主，加部分廄肥土。所有花卉的幼苗階段或根系脆弱的，需輕鬆土壤，可用腐葉土和渣子土各半配製，為使盆土排水良好，可適當加入黃沙或粗糠灰。

病蟲害防治

一般花卉鮮艷嬌嫩，組織比較柔軟，易受很多病蟲害，應積極貫徹「防重於治」的方針。對外來的種子和花苗，首先應該嚴格進行植物檢疫，杜絕病蟲害來源。其次是培育抗性強的新品種，改善栽培條件，增強植株抗病蟲的能力。第三是對已發生的病蟲害，應本著「治小、治早，治了」的原則，及早防治。目前，除用機械防治、藥劑防治等方法外，生物防治也已用於生產實踐。生物防治是利用捕食性或寄生性的有益生物來消滅害蟲的方法，如用蚜蠅、瓢蟲等捕食蚜蟲。

藥劑防治效率高，收效快，但如使用不當，會引起植物藥害和人畜中毒，所以，打藥要慎重，尤其是氣溫高時，藥劑濃度要適當減小。在大型花圃中，還可應用黑光燈誘殺成蟲。總之，對病蟲害應採取綜合防治，才能收到良好的效果。

●食葉害蟲

蚜蟲、紅蜘蛛、介殼蟲、梨網椿等害蟲，以刺吸式口器吸取植物幼嫩部分的營養液，造成植物生理傷害，致使葉片變黃或有

斑點，卷曲或皺縮，植株生長衰弱，並能誘致煤煙病。有的組織由於受此類害蟲的刺激而局部膨大為蟲癭。

蚜蟲體小而柔軟，體表多被白粉蠟質，常群集於許多花卉的葉背為害，如菊花、月季等。它一年可繁殖 20 多代，極易猖獗成災。防治方法是冬季將花圃雜草除淨；利用瓢蟲、蚜蜥、食葉蠅等天敵進行生物防治；在為害期噴灑 10%吡蟲啉可濕性粉劑 3000～4000 倍液或煙參鹼 800 倍液，均有良好效果。用洗衣粉加水 100 倍可殺滅蚜蟲和紅蜘蛛。越冬花卉在 10 月中旬噴一次敵百蟲，可消滅越冬蚜蟲。消滅蚜蟲可用 1%的煙葉水噴殺。

紅蜘蛛體積小，紅色，為雜食性害蟲，主要為害仙人掌類、杜鵑、一串紅、冬珊瑚、唐菖蒲、薔薇等。在發生期可用 73%克蟎特乳油 2000～3000 倍液防治，也可用 2000～3000 倍液加少許三氯殺蟎醇噴施。紅蜘蛛在高溫、乾燥環境下繁殖很快，可進行葉面噴霧，提高空氣濕度，抑制其發展。

介殼蟲有較厚的蠟質保護，成群地吸附在枝葉上。它的種類很多，主要為害山茶花、杜鵑、桂花、蘭草、仙人掌類等多種花卉。不同種類的介殼蟲孵化期不同，通常在孵化期用 1000 倍液的洗衣粉噴施效果最好。放置蔭棚中的盆花，可在 4 月上旬、中旬、下旬各薰煙 1 次，消滅介殼蟲。少量的介殼蟲用竹片刮除。

梨網椿主要為害茄科和薔薇科的植物，多以成蟲越冬。可在 10 月中旬和次年 4 月上旬，噴施 70%艾美樂乳油 3000 倍液或 5%吡蟲啉 5000 倍液消滅越冬成蟲。進行葉面噴霧，以提高空氣濕度，也能抑制梨網椿的發生。

刺蛾、菜青蟲、水青蛾、潛葉蛾、菊虎、尺蠖幼蟲、蚱蜢等直接取食柑橘類、梅花、碧桃、羽衣甘藍的葉片，造成缺刻或空洞，甚至將葉片吃光。防治方法是冬季挖掘越冬蟲繭或深翻土

地，為害期噴施 25% 功夫乳油 2000～3000 倍液或 15% 安打濃乳劑 3000 倍液。也可用 25% 菜喜懸浮劑 1000 倍液或 BT 乳劑 500～800 倍液噴施。

若用 BT 乳劑 800 倍液與 3000～5000 倍液的 5% 來福靈等菊酯類藥劑稀釋液混合使用，效果更好。在防治鱗翅目害蟲的初孵幼蟲時也可用昆蟲生長調節劑，如 5% 抑太保乳油 1000～1500 倍液或 20% 米滿懸浮劑 2000 倍液，亦有很好的防治效果。

● 蛀幹害蟲

木蠹蛾為害許多花木枝條的髓部，如杜鵑、梔子花等。其為害多從嫩枝梢開始，蟲齡越大，為害的枝條越粗。應隨時注意觀察，剪除蟲枝，盡量在其為害新梢時就予以消滅。在幼蟲初孵期（5 月中下旬）連續噴施兩次 40% 辛硫磷乳油 1500 倍液或 25% 敵殺死乳油 1500～2000 倍液，有殺滅初孵幼蟲的效果。

各種天牛蛀食許多花木的枝幹，如碧桃、梅花。

防治方法：在成蟲期（5～6 月）捕殺羽化出的成蟲或者在主幹基部塗刷白塗劑（生石灰 10 份、硫磺 1 份、水 40 份）或石灰水，防止產卵。在幼蟲期或蛹期，用鋼絲插入蟲孔內，將其鉤出消滅，或者用蘸有 80% 敵敵畏乳油的棉花團或磷化鋁片塞入蟲孔深部，再用泥團封閉，薰殺蛀道中幼蟲或蛹。

● 地下害蟲

蠐螬（金龜子幼蟲）和地老虎常咬斷許多花卉幼苗的莖和根。通常可在播種和扦插前進行土壤消毒。深翻土地，也可消滅一些越冬幼蟲。為害期可用毒餌、草把誘殺或人工捕殺。施用腐熟的有機肥料，能減少蠐螬的為害。春季清除雜草，能減少地老

虎的卵和幼蟲。

線蟲在溫室花卉中極為普遍。線蟲為白色，線狀，體積小，主要為害花卉幼苗、球根及插條。受害植物生長衰弱，根莖部常形成瘤狀物腫大，甚至腐爛。發現有線蟲的土壤，要進行土壤消毒，如用15％鐵滅克或20％滅線磷顆粒劑拌土毒殺土壤中線蟲體，也可用蒸汽消毒。

◉病　害

花卉的病害，有的是由於各種營養缺乏和不良環境因素造成的，也有的是因為真菌、細菌、病毒等致病微生物造成的。病害發生時，常出現膿液，霉層、白粉、鏽狀物和黑點等外部症狀，如鳳仙花的鏽病，月季、三色菫的白粉病。病害還會表現為枝葉的變色和變形，葉簇生捲曲，果實畸形等，如雞冠花的立枯病，翠菊的萎黃病，梔子花的黃化病。

目前，病害的防治主要從培育抗性強的新品種、改善植株生長環境條件、增強抗病能力方面著手。在病害發生前或發生時，可用波爾多液、代森鋅、退菌特等農藥噴施。發現病株應拔除燒毀，並進行土壤消毒。

留種與選種

在花卉繁殖過程中，其優良特性並不能被所有的種子同等地遺傳給後代。選擇優良的種子進行繁殖，就可以保持原品種的優良特性。

（1）優良母株的選擇：

留種母株必須是健壯、發育良好並具備本品種最典型優良特

性的植株。這些優良特性包括色澤、形態、花的大小、數量、重瓣性、花期長短、植株高矮、抗性強弱等。

大面積栽培需開闢留種區，專門培養結籽母株。留種母株的株行距要適當放大，種植時間適當提前。在幼苗期間，對留種母株應加強栽培管理，並淘汰生長不良、姿態不正以及有病蟲害的植株。在母株開花期，按本品種最標準的優良特性進行選擇。一般留種母株的花不宜留得過多，在花序基部開花後，將花序上部剪除一半，使養分集中，產生顆粒飽滿的種子。在選擇過程中，還要注意花期的長短和一致性，在乾旱、潮濕、高溫、寒冷等不良氣候中，能持續和穩定開花的母株，更有選留價值。

選定的優良母株，可以用作人工授粉雜交育種的材料。要注意套袋留種，以免混雜。

（2）種子的採收：

種子要完全成熟後才能採收，因為只有完全成熟的種子，才能保持親本的優良特性。種子成熟的標誌是含水量降低，種子堅硬，顏色由淺變深（通常是由綠色變為深褐色）。虞美人、罌粟、石竹、月見草、金魚草等均為成熟後一次採收。有些種子成熟後容易開裂散失，應隨熟隨收，如三色堇、半支蓮、鳳仙花、雞冠花、花菱草等。菊科植物的種子花序四周先熟，中心後熟，可待大部分成熟後採收。採種宜在乾燥的晴天進行。

同一株上的種子，常具有完全不同的生物學特性。通常早花結實的種子，可培育早開花的品種；晚花結實的種子，能培育出較晚開花的品種。先開花的種子比後開花的種子的後代，開花大而美麗。主幹或靠近主幹的側枝所結的種子，飽滿充實。莢果和角果中部的種子，以及植株向陽面所結的種子，品質較好，都應選用；平行側枝和下垂枝上的種子，不宜選用。

（3）種子的貯藏：

種子的壽命因種類、成熟狀況和貯藏條件的不同，差異很大。有些花卉種子在採收後很快就失去發芽力，所以不耐貯藏，應隨採隨播，如櫻草類、海棠類、繡球、飛燕草等均屬此類。大部分花卉的種子可保存 2～3 年，有些種子壽命更長，如荷花種子在特定的環境下，保存千年仍有發芽力。但隨著種子貯藏年月的延長，不僅發芽率逐漸降低，而且所產生的後代生活力也下降。所以，花卉栽培一般不用過於陳舊的種子。暴曬能降低種子發芽力，採收貯藏均應注意。

需要貯藏的種子，在經過採收、曬乾、除雜以後，按不同品種，分別裝入紙袋、布袋或木盒中，寫好標籤，以免混雜。

在貯藏過程中，溫度越高，種子的呼吸作用越強，消耗養分越多。同時，呼吸作用還散發大量熱量，造成種子發霉腐爛。貯藏種子的關鍵是減低種子的呼吸作用，保存種子的生命力。所以，種子應貯存在冷涼低溫、乾燥通風的環境中。

一些含蠟質的種子，如含笑、玉蘭的種子，可放在濕沙中貯藏，俗稱「走油」，發芽率更高。濕沙含水量以 15%為適宜，其標誌為手捏成團，鬆開即散。沙藏中應注意每半月翻動 1 次，必要時灑些水。

花期的控制

植物只有透過了階段發育，才能開花結果。植物的發育需要經過春化階段和光照階段。用人工的方法控制溫度和光照等條件，對花卉進行促成栽培，可以突破原來開花的季節制，使花卉按照人們的意願定時開放，增加開花的次數和數量。

1. 養花基礎

植物在不利於其生長的季節進行休眠，而在環境變得有利於其生長時，便會很快解除休眠而繼續生長。利用這一特性，人為地創造條件，可使花卉提早解除休眠或延長休眠期，以達到提早開花或延遲開花的目的。

　　提高溫度可以促進開花。多數花卉在冬季加溫後都能提早開花，降低溫度可推遲開花。如耐寒花卉在早春氣溫上升前，趁其在休眠狀態時移入冷室，可使其繼續休眠，從而推遲開花。改秋播為春播的花卉，用低溫處理萌動的種子或幼苗，使其通過春化階段，可以在當年開花。在非開花的季節，按花卉開花時所需的光照長度，給予人工處理，可使原來不開花的季節開出花來。顛倒光暗，也可以改變開花時間。在長日照季節，將短日照花卉遮光一定時間，增長暗期，可以促使開花。在冬季短日照季節，用燈光補充光照或在夜間增加短期光照，配合提高溫度，可以使長日照花卉提前開花。不同的花卉對環境條件的要求不同，所以，應根據實際情況，具體掌握。下面舉兩個實例。

● 菊花的四季開放

　　菊花除寒菊品種開花較晚以外，在長江中下游地區大多在深秋 11 月上旬左右盛開。如果採用特殊的栽培管理方法，用人工控制溫度和光照，便可改變它的開花期，做到一年四季都有菊花開放。

　　菊花最適宜的生長溫度為 21℃左右。要培育菊花在各個季節開花，先要考慮花苗生長期間的溫度條件，要有保溫措施，以保證植株能按照人們的要求正常生長。菊花屬短日照植物，花蕾形成期間，每天的光照必須在 12 小時以下，光照時間要短，黑暗時間要長，才容易促使形成花蕾。對菊花進行遮光或延長光照

的處理，便可提早開花或延遲開花。菊花從上盆或分栽時起，大約經過 3 個月時間開始孕蕾，在這個時候，便要開始作遮光處理，每天只給 8～10 小時光照。經過 3 個月左右短日照處理，便可以開花。

要使菊花在春節開放，則在頭年 8 月中旬扦插育苗，9 月中旬移栽，11 月注意保溫防寒，此時的自然日照短，不必遮光處理，但 11～12 月的溫度要控制在 21℃左右，做好水肥管理，春節便能開花。

要使菊花在「五一」節開花，則在頭年 10 月用腳芽進行扦插，注意防寒越冬。12 月室溫控制在 18℃左右。1 月中旬以後，室溫控制在 21℃以上。2 月初開始孕蕾，此時控制光照，每天只給 10 小時，注意追肥，保證營養，3 月初可現蕾，4 月下旬陸續開花，正好迎接「五一」節。

要使菊花在「七一」開放，則在 3 月上旬用老菊花腳芽移栽上盆，5 月初開始作遮光處理，每天下午 5 時遮光，早晨 7 時揭開，注意追肥，到 6 月底便可開花。

培養菊花在「十一」開放，可用春季繁殖的花苗，在 7 月中旬開始遮光，到 8 月下旬便可現蕾，9 月底陸續開放，恰好迎接國慶。

●牡丹的花期控制

牡丹花一般是在 2 月上中旬鱗芽開始萌動，3 月中旬放葉，4 月下旬前後開花。花期較短，每朵只開 6～8 天。6 月初新枝生長停止，頂芽、腋芽開始形成。7～8 月分化花芽，10 月落葉。只要選擇合適的品種，控制溫度、濕度和光照，並以藥物刺激，便可改變和控制牡丹的花期，做到需要的時候開放。

要使牡丹提早在冬季或春節前後開花，主要措施是在溫室加溫培養。牡丹落葉後，室外上盆，放置在溫度不高的地方，待稍服盆後，施一次肥料。在開花前 35～45 天移入 25℃ 左右的溫室，日夜在枝幹上噴水 5～6 次。在芽萌動後，繼續噴水。噴水時，只噴枝幹，不噴葉面，免使葉子生長太快。

若花蕾生長太弱，則以 100ppm 的「九二○」點塗花蕾，使其獲得生長優勢，有利於開花。當花蕾破綻見色時，由高溫室轉入低溫室，以保持花的鮮艷色彩，延長開花時間，這樣，花期可維持 20 天左右。若要牡丹在元旦開花，應在加溫處理之前，先作 7 天冰點以下的低溫處理。

如果要推遲牡丹在正常季節以後開花，則採用冷藏的辦法延長休眠期。落葉後上盆，2 月中下旬進冷室，維持 0℃ 以上室溫，每天照射 3～4 小時弱光，保持土壤濕潤，直到需要開花的日期之前 20 天左右移出室外，置陰涼通風處，若氣溫高時，每天噴水數次，並施些稀薄水肥，不久即可開花。

若想讓牡丹當年第二次開花，就要設法促成夏季新形成的花芽萌動，進行特別護理。牡丹是在夏季分化花芽，8 月中下旬，從田間將玉樓春、紫藍魁、群英、起粉、紅梅點翠等品種，選擇有大而飽滿的頂芽的植株，剪去根際萌蘗及弱枝，上盆後，放入 0～2℃ 的冷室兩周，然後取出，放在 30℃ 以下的陰涼環境中，每天對枝幹噴水 6～7 次，並用 1000ppm「九二○」塗芽，5～7 天後芽開始萌動，便停止塗藥，照常噴水（噴枝幹，不噴葉面）。若花蕾長勢較弱，可用 100ppm「九二○」塗蕾，加速花蕾生長，不久便可開花。將第二次開花的植株，入冬後經過處理，又可在春季正常開花。

2. 養花技術

木本花卉

梅花（*Prunu smume*）原產中國，為中國著名的傳統花卉之一，栽培歷史悠久，被選為武漢市市花。我國人民對於賞梅素有愛好，因此梅花栽培比較普遍，湖北、四川及長江流域一帶最多。花期正在春節前後，爭先報春。梅枝挺秀，花色雅麗，傲雪經霜，清香撲鼻。梅花可地栽成片成林，在公園中可布置為梅嶺、梅園；或與松、竹配植，譽為「歲寒三友」，成為中國古典園林中特有的景色。梅花也是椿景製作的好材料。剪取梅枝可作插花和花束。梅花無論是成片栽培，還是單株觀賞，都有很高的觀賞價值，是中國庭園中不可缺少的花卉。中國賞梅勝地很多，如廣東大庾嶺的羅浮山，杭州西湖的孤山，蘇州的鄧尉，無錫的梅園，武昌東湖磨山的梅園，成都的梅苑等等，花開季節，香雪成海，遊人如織。

梅花屬薔薇科落葉喬木，以觀賞花、枝為主。花期 2～3 月份。花色有白、粉、紅、綠等，並有單瓣、重瓣之分。中國梅花有 100 多種，可分為直腳梅類、杏梅類、垂枝梅類和龍游梅類。

（1）直腳梅類：

這是常見的較原始的梅花類型，包括的品種最多，共同特點是枝條直立或斜伸。按花型、花色等不同而分為江梅型、宮粉型、大紅型、朱砂型、玉蝶型、綠萼型、灑金型七型。

（2）杏梅類：

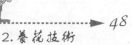

2.養花技術

枝葉似山杏，花形花色都像杏花。花期較晚，抗寒性強，是梅與山杏的天然雜交種。已記載的品種有3個，如杏梅、送春等。

（3）垂枝梅類：

枝下垂，形成獨特的傘狀樹姿，分為單粉垂枝梅、雙粉垂枝梅、骨紅垂枝梅、殘雪垂枝梅、五寶垂枝梅5個變型。

（4）龍游梅類：

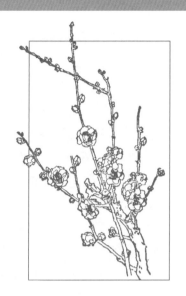

不經人工紮製，枝條自然扭曲如游龍。花蝶形，白色，複瓣。

梅樹壽命很長，可活數百年，喜溫暖氣候，在陽光充足、通風良好、表土層深厚疏鬆、底土緊密堅實的地方生長最好。梅樹實生苗3～4年即可開花，7～8年後進入盛花期。從生長勢而言，頭40～50年生長最旺，以後生長逐漸衰退。

梅花繁殖以扦插為主，其次是以杏、梅作砧木，進行嫁接。為了培育新品種，常利用播種育苗變異大的特點，進行選種和育種。

（1）扦插：

選土層深厚肥沃、排水良好的沙壤土作苗圃地，黏重土壤及排水不良之地不宜採用。作床前，要多次耕耙，或用鍬深翻，使土壤疏鬆，物理性能改善。宜作高床、窄畦、短床，床面呈龜背形，以利排水。梅花的品種不同，扦插成活率也不一樣。金錢綠萼、送春、凝馨等品種扦插的成活率低，而小綠萼、綠萼、素白臺閣、朱砂、宮粉等品種扦插成活率較高，有的達到60%以

上。因此，扦插要選擇容易成活的品種。還要選用幼齡樹作母樹，因為幼齡樹的枝條再生力強，扦插成活率高。

插條可剪成長 10～15 公分，隨剪隨插，要保持插條新鮮。條件許可時，用生長刺激素處理，如用 500ppm 的奈乙酸或吲哚丁酸溶液快浸或粉蘸，處理後再扦插，成活率可顯著提高。

扦插宜在 11 月份進行，因為秋季落葉後，枝條內貯存的養分充足，扦插容易生根。一般株行距為 5 公分×15 公分，直插，深度為插條長度的 2／3～4／5，以地面露出一芽即可。插後噴一次水，以後保持一定的土壤濕度。床土宜偏乾，不宜灌床後扦插，或扦插後大量灌水，否則床土過濕，易使插條腐爛。扦插後床面要經常噴霧，使插條保持活力，有利生根。

（2）嫁接：

用杏和桃作砧木，枝接、芽接均可。對一些難生根的種類，如金錢綠萼、送春、凝馨、大羽等品種，可採用此法繁殖。

（3）壓條：

春季選擇一二年生根頸萌條，在基部用利刀環剝後進行壅土壓條，以後注意保持傷口處的土壤濕潤，夏季即可生根。還可用塑料薄膜作包土材料，進行空中壓條，效果甚好。

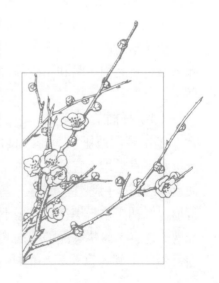

（4）播種：

為了繁殖砧木和利用播種後苗木產生的變異選育新品種，此法可得到大量的種苗。一般在 5～6 月份果熟後採下，去掉果

2. 養花技術

肉，砂積於室內，到11月播下，次年3～4月份發芽，第三年才能移栽作砧木用。

梅花有地栽和盆栽兩種，現將其栽培技術分述如下：

1. 地 栽

一般在休眠期定植，株行距為4～5公尺。定植穴中要施底肥。以後每年冬天也要施一次底肥。底肥以有機肥為主，加施磷鉀肥。春天在花前施一次促花肥，花後施一次養樹肥。

梅花定植後，一般在3～4年後開花。梅花均在一年生枝的葉腋著花，有一芽單生或二芽並生。花枝可分為長花枝（20公分以上）、中花枝（10～19公分）、短花枝（2～9公分）及刺狀枝（俗稱梅釘）。各花枝均能開花，但長花枝不易坐果，而中花枝、短花枝開花繁茂，坐果率也高。刺狀枝在一般情況下，次年都成了枯枝，若營養條件好，也可開花結果，但沒有葉芽，不能抽梢生長。

梅花的隱芽萌發力強，若不修剪，往往會使樹姿紊亂，枝條穿插交錯，透光通風不良，以致病蟲害滋生，開花結果減少。因此，栽培梅花必需進行修剪。

梅花的形態，不求挺直壯觀，而講究「橫、斜、奇、曲、古、雅、蒼、疏」。梅「以曲為美，直則無姿，以瀹為美，正則無景，以疏為美，密則無態。」賞梅有四貴：貴稀不貴繁，貴老不貴嫩，貴瘦不貴肥，貴合不貴開。地栽梅花，可任其自然發展，但宜因勢利導，克服整齊對稱或其他幾何造型，使其具有更好的觀賞價值。

梅花樹冠比較開張，無明顯的中央領導幹，往往形成圓球形樹冠，整形時以自然圓頭形或自然開心形為好，不能違背自然習

性進行修剪。首先要使各級枝條能合理著生，分布均勻，以充分利用空間，使樹勢生長旺盛，樹形美觀，年年開花，並延年益壽，防止衰老。

（1）幼樹的整形修剪：

實踐證明，幼樹以自然開心形為佳，樹冠形成快，開花早，不需重剪。其方法是在梅花定植後，離地面 60～80 公分處定幹，發芽後，留 3～5 枝作為主枝，其餘枝條剪去，使其自然斜出。分枝點應有一定的距離，不能集中在一起。以後再在主枝上選留側枝，形成自然開心形樹冠。要注意保持各主枝的平衡，實行強枝強剪，弱枝弱剪。

主枝延長枝應逐年形成，即每年將主枝短截留外芽，使枝條向一個方向延長，這樣形成的主枝粗壯，作為梅樹的骨幹枝。側枝的修剪以強枝弱剪、弱枝強剪為原則，促發花枝，提早開花。

（2）成年樹修剪：

果梅可在花前剪，花梅應在花後剪。如因多年不剪，造成樹勢老衰者，應適當重剪更新復壯。要根據樹勢的強弱，因樹定形。一般在花前剪去枯枝、病蟲枝、徒長枝，花後對主枝視其生長勢的強弱及樹形的需要進行適當修剪，一般剪去主枝全長的 1／3，以促進主枝加粗延長，下部側枝生長充實，避免形成梅釘。

側枝在花後應疏去過密枝及擾亂樹形的枝，梅釘基本上都剪除，但在某一部位空虛時，可酌量剪短留下，促發新枝。發育枝和長花枝宜留 5～6 芽剪除，使其萌發花枝和發育枝。過密的中花枝和短花枝應刪疏，並進行短截，以免因樹勢屏弱而萌發梅釘。在生長期間要注意抹芽。為了促進花芽分化，6 月上中旬可採取「撑頂捻梢」措施，以適當抑制生長。

（3）老樹的更新復壯：

梅花因立地條件和管理條件的不同，進入衰老期有早有遲。梅是長壽樹種，若早期衰老，是不正常現象，應進行重剪，以更新復壯。根據樹勢的強弱，分為輕度、中度、重度更新，分別剪去主枝全長的 1／3、1／2 和 2／3。

更新復壯應結合施肥，並注意灌水排水、中耕除草及防治病蟲害，使樹勢和樹冠儘快恢復，繼續開花。

地栽梅花在多雨季節，要特別注意排水問題，否則會導致梅花早期落葉，影響花芽形成。在 6 月份形成花芽前半月，應減少肥水供應，促使枝梢停止生長，以利花芽分化。

2. 盆 栽

梅苗應在露地培育數年後，待進入始花期才能進行盆栽。

（1）上盆：

盆土一般用湖土 30%、園土 20%、垃圾土 30%、腐熟堆肥 20%，按比例配合，拌勻曬乾。湖土要打碎成 1～2 公分粗的顆粒，過粗過細均不適宜。

一般在休眠期上盆，為了觀花，也可在初冬上盆。梅苗栽入花盆後，不宜用清水定根，根據老花農的經驗，要用腐熟的和過濾的濃糞水灌滿盆口，使糞水濕透盆土，否則以後灌水難得透入盆底，致使梅株枯死。

花盆要墊高 10 公分左右，置通風向陽處培養。盆間距離以樹冠不致互相遮蔭為原則，大盆一盆一行，小盆兩盆一行，以能充分接受陽光，便利澆灌為宜。

（2）澆水：

梅花對土壤水分十分敏感，水多容易黃葉，嚴重時則造成全

部葉子脫落。若盆土長期乾旱，也會造成落葉，但落葉為青綠色。澆水應靈活掌握。梅花怕澇，下大雨時，要倒盆排水。雨過天晴，又要將盆扶正。夏季每天下午澆水1次。伏天澆水是一個關鍵問題，往往因澆水不當，造成梅花生長期早期落葉。晴天，可按上述辦法，每天下午澆水1次。若連陰幾天，就要「批水」（即乾者少澆，不乾者不澆）。秋季也應如此。如果天陰時，既不澆水，也不「批水」，連續3天後再澆一次大水，就會造成落青葉的現象，影響枝條著花。原因是根部過乾，不易吸水。挽救的辦法是先澆少量的水，使根部逐漸恢復生機，過兩天再澆透水，梅花就能正常生長了。

入秋後，氣溫逐漸降低，澆水量應比夏天酌情減少，可隔天1次，不可太濕。筆者經驗，6月初對梅花應適當控制水分，若以前澆10份水，此時只澆6～8份水，次數亦酌情減少，再結合捻頂和摘心，迫使新梢停止生長，以促進花芽分化。

梅花在生長季節產生落葉的時間不同，對著花有不同的影響。一般二伏落葉，肯定以後無花；三伏落葉，只要在落葉後控制水分，防止再長新葉，那麼還會有花；如果秋分以後才落葉，對著花就完全沒有影響了。要使梅花生長旺盛，年年開花繁茂，就要注意澆水適當，以完全不落青葉為好。

根據花工的經驗，盆栽梅花掉綠葉、落黃葉，均認為是水分管理不當的結果。當上盆後新芽長到13～16公分時，即應開始控制水分，使枝條適當長得短些，以利花芽的形成。方法是減少澆水量，連續2～3次或3～4次，頂芽萎縮後不能恢復，即停止生長，從而有

花博士提示

　　一般控制水分後，梅花有的葉子從兩側向上捲起，說明葉腋內已有花芽，這也是控制水分的判斷方法。

利於養分的積累，用於花芽的形成和發育。以後澆水仍只澆 8～9 成即可。

（3）施肥：

上盆時先施底肥，以後看生長情況追肥，以避免發生徒長枝、多抽花枝為原則。夏至前後施速效肥 1～2 次，糞水應在盆土乾後施，施後 3 天無大雨，肥料才會充分被吸收利用。伏天停止施肥。白露前後用 50％糞水摻少量過磷酸鈣施 1～2 次，對保持花色和保證花期有特效。

（4）開花期的管理：

開花期要增加水分，不可斷水，但不可施肥。若適當控制水分，可延長花期，但會影響梅樹的發育。因此，澆水多少，應兩者兼顧。若將梅花置於室內，因室溫較高，更應注意澆水。

盆栽梅花，既觀花又觀幹，若著花過密，常會影響觀幹的效果。所以，花蕾發白時要疏蕾，使養分集中，這樣花開得大，色彩艷麗，提高了觀賞價值。花謝後，隨即摘去殘花，以保持樹勢，使來年花開得更飽滿。

（5）整枝和修剪：

四季都要進行。開花後剪除殘花，將花盆置於向陽處，不要斷水。3 月上旬前後，將上年的發育枝留 1～2 芽短截，剪去纖細枝、重疊枝、枯枝、徒長枝，剪掉老根，換盆換土。4 月底萌芽抽梢，老幹萌發的新芽要立即除掉。8 月開始再做一次整形工作。

培養梅樁盆景，宜古雅蒼勁，或懸根露爪。梅樁定形應在幼苗時開始，當扦插和嫁接的萌條長至 15～24 公分時，應進行摘心，促發側枝。如果養屈枝梅，則不要摘心，就在 15～24 公分處圍第一道「彎」，以後每隔 10 多天圍「彎」1 次。如果養

「死彎」或舒枝梅，則只摘心不整形，在露地培養一年，次年上盆再整形。整形宜在梅雨季節進行，此時樹液充足，扭曲時不易折斷。整形要盡量使梅枝的彎曲度大一些，這樣才能表現出蒼勁古雅的姿態來。至於具體形狀，不能強求一致，完全隨養梅者的藝術修養確定。有些種梅專家，在梅樹整形時，利用夜間的燈光，將梅樹的影子印在牆上仔細觀察，隨時修剪和整形，使之富於畫意。盆栽梅花枝條宜稀不宜密，以長不超過 35 公分為好。

（6）病蟲害防治：

病害主要是因梅花炭疽病而引起的落葉，5 月初開始發病，少量發病葉要摘除。發病前最好用 80%炭疽福美可濕性粉劑 800 倍液或 50%福美雙可濕性粉劑 600 倍液，連續噴施 2～3 次。蟲害主要是梅毛蟲、桃蚜、刺蛾類、天牛類、介殼蟲類、軍配蟲及卷葉蛾等，要及時防治。防治時應避免使用農藥「樂果」，否則可能引起早期落葉而影響開花。

（7）換盆：

開花後，立即進行修剪，剪除營養不良的纖細枝，開過花的枝條留 2～3 個芽短截。將修剪後的梅樁在陽光下暴曬數小時（陽光弱可曬 1～2 天），根部更需要曬，曬後用快剪剪去枯根，即可上盆。可將根部放在稀薄的人糞尿中蘸一下，帶肥上盆，有利生長。

牡丹（*Paeonia suffruticosa*）原產中國，栽培歷史悠久，全國各地普遍種植，而以河南洛陽牡丹最負盛名，有「洛陽牡丹冠天下」之說。如今，山東曹州牡丹，亦聞名遐邇。牡丹花大而富麗，在中

國早有「花中之王」的美稱。它的粗大肉質根可以入藥，即名貴的中藥材「丹皮」。

牡丹是毛茛科落葉小喬木，莖高 1.5～3 公尺。原種花瓣 5 枚，園藝變種花瓣顯著增多，絕大多數品種雄蕊瓣化，有些品種雌蕊亦呈瓣狀，花瓣質薄，有絹絲狀光澤；花色富麗多彩，有白、黃、紅、紫、綠、黑等色，少數品種還帶有香氣。

牡丹性耐寒，可耐 -20℃的低溫。夏季不耐酷熱，喜涼爽氣候，在生長期需陽光充足，開花期稍喜陰。喜土層深厚肥沃、排水良好、高燥的沙壤土。如雨水太多或圃地排水不良，根系易腐爛，造成植株死亡。

牡丹品種的分類，一般多按花型分：

（1）單瓣（單葉）種：

花瓣 1～3 輪，寬大，雌雄蕊均正常，無瓣化現象，結實力強。這一類主要是實生種，供藥用，觀賞價值不高。

（2）半重瓣（多葉）種：

花瓣 3 輪以上，雌蕊一般正常，雄蕊正常或部分瓣化，有明顯的花心，結實力強，瓣型一般均較寬大，但也有由外向內漸變小者，主要品種有朱砂壘、紫二喬等。

（3）重瓣（千葉）種：

花心內所有的或幾乎所有的雄蕊均瓣化，雌蕊正常或略有變異，也有全部瓣化成綠色花瓣的，花農稱之為「綠心」。此類又分為玫瑰花型、球型、皇冠型三種。

牡丹的繁殖方法有分株、嫁接及播種。也可扦插繁殖。

分株最好在秋分以後進行，每隔 4 年可分株 1 次。當植株有枝 11～13 枝時，可分成 3～4 株，切忌分成單枝，否則會影響植株的生長。分株時，為了防止傷口腐爛，最好將傷口陰晾 1～2

天後再栽，或傷口處塗 1%的
硫酸銅進行消毒。

　　嫁接一般多在早春進行，
用芍藥和牡丹的實生苗或根作
砧木。芍藥根木質柔軟，無硬
心，容易嫁接，接活後，初期
生長旺盛；牡丹枝木質部硬，
成活困難，但壽命長。作砧木
用的芍藥根以粗 2 公分左右、
長 15 公分為宜。嫁接前，挖
砧剪砧，陰晾 2～3 天，待失
水萎縮變軟後，再行嫁接。一般從基部著生的充實健壯的帶頂芽
的一年生枝上選取接穗。

　　播種法是在 8 月採收成熟度達 90%的果子，曬乾取種，隨
採隨播。當年可生兩葉，次年出莖，3 年移栽，4 年嫁接苗始能
開花。由於牡丹原產中國北方，長期以來適應北方特定氣候，引
種到南方後，需要一套特殊養護管理方法，否則牡丹就會逐年退
化。牡丹根深葉茂，耐寒怕熱，喜燥惡濕。現將牡丹栽培養護要
點簡介如下：

　　（1）栽培：

　　栽培要選地勢稍高、排水良好、土壤疏鬆肥沃、較為陰涼的
地方。坑挖好後，撒些殺蟲藥劑，防止害蟲傷根。栽植時，讓根
系全部直立，不可彎曲。栽後將土分層踩緊，連續澆水幾次，使
土壤完全與根緊密結合。

　　（2）鬆土：

　　早春 2 月，牡丹根部就開始活動，芽苞也開始膨大，這時要

扒去基部覆土，進行一次淺鋤鬆土，切不可深鋤，以免傷根。5月起雨季到來，每次雨後必鋤，雨大地濕淺鋤，雨少時深鋤（最深不能超過 20 公分）。整個生長季要經常除草，以利牡丹根部生長。

（3）拿芽定股：

牡丹在早春 2 月基部就出現多數腳芽，這些腳芽俗稱為「股」，腳芽如果留得過多，植株負擔就會過重，影響次年開花。一般在 2～3 月份至清明節前，應進行 2～3 次拿芽，每株以保留 5～8 股為宜。如培養獨幹型牡丹，也可只定一股。為了多繁殖，則可少拿或不拿芽。

（4）摘蕾：

3 月牡丹葉片初展，花蕾逐漸膨大，為了集中養分，使花朵碩大，可摘去葉腋間小花蕾，保留健壯的頂蕾。

（5）施肥：

牡丹喜肥，以基肥為主。全年施肥 3 次，即 11 月施底肥 1 次，每株施腐熟人糞拌草木灰及骨粉混合肥 1 千克。開花前的 3 月份追肥 1 次，以氮肥為主，適當少量混合一些磷肥和鉀肥。這次追肥的目的在於催花。開花後立夏左右再追肥 1 次，補充開花消耗的養分，促使植株恢復元氣。

（6）打藥：

在不適宜的氣候條件下，牡丹病害很多，通常在 3 月開花前每 10～15 天噴 300～360 倍波爾多液或 14% 絡氨銅水劑 300～

500 倍液或 77%可殺得可濕性粉劑 600～800 倍液 1～2 次，4 月開花期停止打藥，6～7 月份繼續噴藥 4～5 次。要選擇無風的晴天下午 4 時後打藥，直到落葉時停止。

（7）降溫護葉：

牡丹喜涼爽氣候，夏季氣溫超過 32℃就對其發育不利。因此，夏季必須採取各種措施降溫，防止早期落葉，只有保住了葉子，次年才能開好花。方法可用上面遮蔭，土面鋪草，搭蓋活動的遮蔭棚，早晚揭去，中午遮蓋。夏季暴雨前也應遮蓋，以防暴雨後烈日蒸曬灼傷葉片。土面鋪草既可防地面熱蒸氣，又可防葉片濺泥。酷熱的 7～8 月份晚間還要噴霧或澆水降溫。

在夏季炎熱的地區，對牡丹保葉是一項極為關鍵的措施。開花期要使花朵持久，應搭棚遮蓋或暫置於室內。

（8）整枝修剪：

在 7 月中下旬，選留生長勻稱，高矮大體一致的主枝 4～6枝，其餘剪去。常言道：芍藥梳頭（即疏蕾），牡丹洗腳（即除掉基部萌芽）。以後，凡從基部發生的萌蘗和主枝上過密的贅芽，都要及時摘除，避免枝幹過密，營養分散，影響主幹生長和開花。花謝後，要及時剪去殘花，不使結實，以免消耗養分。

（9）撿除落葉：

牡丹養護得好，10 月起才開始落葉，養得不好，7～8 月份就落葉。不論何時落葉，都應隨時撿去，因為這些落葉常帶有病菌，落在地面又會傳染到新株上，所以必須撿除並燒焚。

（10）清溝排水：

牡丹為肉質根，最忌潮濕，除了栽培時必須作高床以外，在多雨季節應特別注意及時清理溝道，以利排水。夏秋除久旱不雨外，一般地栽不必灌水，盆栽切忌漬水。

2. 養花技術

月季（*Rosa chinensis*）原產中國，18世紀傳入歐洲。多年來，由於自然雜交與人工雜交育種的結果，已培育出許多新品種，目前中國優良品種已在 1000 種以上。

月季為薔薇科半常綠或落葉灌木，或呈蔓性。花有單瓣和重瓣，園藝栽培種均為重瓣，花瓣數在 20～80 片之間；花色有白、黃、粉、紅、橙、紫、復色等；花型多樣，色彩艷麗，香味濃郁。花期 5～11月份。

按開花時間長短分為：

①一季花種：僅春季開花，花色美麗，花型大。

②兩季花種：春秋兩季開花。

③四季花種：在露地栽培，除寒冬和早春外，常年開花不斷。

月季一年四季都可繁殖，不同季節可採用不同的繁殖方法。以前多採用嫁接繁殖，目前扦插育苗技術逐步提高，創造了「自動噴霧全光照淺插法」，用粗糠灰、火爐渣或蛭石等作插壤，生根快，生根率高，大大加快了繁殖步伐，並解決了難生根品種的繁殖問題。扦插分地插、水插和氣插三種方法。

1.地　插

在 5～10 月份進行嫩枝插，插壤可就地取材，粗糠灰、蛭石、火爐渣、黃沙等皆可。

嫩枝插要選當年生、無病蟲害、發育充實、顏色由紅轉綠、基部的鱗片黃而未落的枝條，一般選用不著花的枝條（叫雄條或

常見花卉栽培

啞條），或從開花的短枝上剪取，長約 4～5 公分。凡是徒長枝、長花枝、組織鬆軟的枝條，都不宜作插穗。

插穗剪成長 4～10 公分，下端齊節下剪平口，並將基部的刺剝去，上留 3～4 片小葉，以對稱帶兩個葉柄帶踵為好，頂梢太幼嫩的應剪去，這樣成活率可達 90% 以上。在梅雨季節，也可將短枝用手扒離母體 4/5 倒掛，約經 7～10 天，待基部形成癒合組織後，剪取扦插，成活率更高。

插穗如用生長刺激素處理，可提前和促進難生根的品種生根。一般夏季用 1000：1 的吲哚丁酸粉處理，冬、秋用 750：1 的吲哚丁酸粉處理。

扦插的深度約為枝條長度的 1/3～2/5（約 1.5～2 公分）。直插生根均勻，密度以葉片互不遮蔭為原則，即 3～4.5 公分見方為宜。要分品種扦插，插後作標記，澆透水。

有條件的地方，插後如採用自動噴霧或人工噴霧，當氣溫在 30～35℃時，一周就開始生根。氣溫高生根快，半個月幾乎全部生根，20～25 天即可移栽。秋後天氣轉涼，氣溫逐漸降低，月季扦插後生根緩慢，為了保持所留葉片和插穗的活力，不使溫度因噴霧而下降，應減少噴霧，一般只在晴天的中午噴霧，刮大風時或晚上應蓋塑料薄膜保濕保溫。

11 月下旬至次年 3

2. 養花技術

月，修剪下來的完全成熟的枝條，也可剪取扦插，叫硬枝插。

硬枝插的插床，宜採用高畦窄廂，插壤以沙壤土為宜。扦插深度比嫩枝插略深，插穗長度為8～10公分，入土深度為插穗全長的1／2或3／5，直插，插後澆透水。用稻草蓋床保墒或蓋薄膜保溫防寒皆可。但蓋薄膜的苗床，晴天應注意床內通風和揭膜曬床，以防插穗腐爛。這時插床的溫度低於8℃，插穗要到次年氣溫回升後才能生根，所以要耐心管理。

10月以前扦插的，生根後，幼芽由紅轉綠，或根長為2～3公分時，即可移栽。少數種可移入頭沖盆培養，大批苗可移入高床窄畦中，即床高20～30公分，寬80～100公分，株行距為33公分×33公分。移栽宜在陰天或晴天下午進行，要做到根蘸泥漿，隨挖隨栽，在泥漿中摻入1%～2%的硫酸銅和0.5%的尿素，可提高成活率，並能防止根部腐爛。若在泥漿中再加入2%過磷酸鈣及2%氯化鉀等，對生根更有利。

2. 水插和氣插

水插和氣插生根也很快，成活率高，適於少量繁殖。

水插就是將插穗插入廣口瓶中，每天換用清水，約20天後生根。

氣插常用在工廠化育苗上，插時插條懸空，空氣濕度保持在95%～100%。

月季還可用壓條法繁殖，分地壓和高壓兩種。壓條因不脫離母體，對難生根的品種，繁殖比較保險。

壓條一般在6～7月份，土壤墒情較好或雨後進行。可選擇一年生的長花枝，順勢扒倒（不能扒斷），在每一個分枝基部用刀刻傷，剪去花朵，在刻傷的附近用倒U形鉛絲鉤固定，蓋土

5～6 公分，枝梢露出土面，經常保持土壤濕潤，氣溫高時，每天澆水 1～2 次，陰天少澆。如果管理得好，20 天左右即可生根。當根長到 2 公分左右時，即可脫離母體，成為新苗。空中壓條 5 月即可開始，其方法已如前述。

此外，用播種育苗繁殖，可進行雜交育種，得到新品種。

月季喜陽光，惡炎熱，較耐寒，通常在零下 5～8℃不會凍壞。要求土壤肥沃疏鬆、濕潤、排水良好，pH 值為 6.8～7.2，保水保肥力強。生長最適氣溫為 15～25℃，30℃以上則生長不良，低於 5℃停止生長。

（1）地栽：

栽植前 30 天整地，施足底肥，進行土壤消毒。整地後，待土壤自然下沉後，即可定植。

定植一般都在休眠期進行，以 2～3 年生苗為好，可以布置花壇和花徑。行株距為 50～80 公分，藤本月季為 100～200 公分。月季地栽育苗或作切花用時，為了減少根腐病，不要連作，最好 3 年輪休 1 次。

月季喜肥，要適當多施底肥，也可用化學氮素肥料適量追肥。底肥在休眠期施用，可用 50%的人糞尿摻入 2%的過磷酸鈣，在重剪後穴施或溝施，每株 1～1.5 千克。第一次追肥在春天快萌動前進行，第二次在新梢由紅轉綠後進行，用 20%的人糞尿或 0.5%的尿素均可。不要在新梢還是紅色時追肥，因為這時正是幼根盛長期，如果追肥，易使幼根受傷，使植株萎蔫或停止生長。月季在水肥適當時，從發芽到開花，約需 45 天。因此，要使月季在「五一」、國慶開花，必須注意在節日前 45 天剪枝和施肥。

月季雖是陽性樹種，但若花期陽光太強，則花朵壽命減短，

若置半陰環境，可延長花期4～5天。夏季氣溫超過35℃時，再遇雨季，會因土壤養分淋失，使花開得小而少，應注意補充肥料。

花壇月季一年應重剪兩次。地栽月季一般只在休眠期重剪1次。重剪可使老株復壯，開花繁茂，株形端正。原則上是強株輕剪，弱株重剪。枝的去留長短根據具體情況決定，為了抽壯枝，開大花，一般每株只留3～5枝，最多7枝，枝高出地面約30公分。剪時宜留外芽，使新枝向四邊延伸，分布均勻。

花後剪去殘花，可促進早發新枝，再開第二次花。可從花朵下一片葉處剪去，以免過多的消耗養分，影響其他花枝的生長。也可結合扦插，從花朵下剪取4～5公分半木質化的枝條作插條。

月季花在生長和開花期都需要一定的水分。生長期中土壤缺水，將影響新枝生長量、花朵大小、花色光澤和花朵壽命。在空氣濕度過高、通風不良的條件下，容易感染病害。南方在月季生長旺盛期正是多雨季節，應注意排水，否則會導致根腐病。

秋旱不雨，應注意適時灌溉，促使抽生壯枝，保證十月期間花繁葉茂。

栽培月季的土壤應經常保持疏鬆，雨後立即鬆土，見草就除。

月季易發生蚜蟲、紅蜘蛛、介殼蟲、刺蛾和薔薇葉蜂等蟲害，常見的病害有白粉病、黑斑病等。蚜蟲和紅蜘蛛可用阿維菌素類藥劑防治如害極滅、阿巴丁、蟲蟎光等，介殼蟲用40%速撲殺乳油1500～2000倍液有很好效果，對刺蛾和葉蜂可用20%好年冬乳油1000～2000倍液進行防治。白粉病可用25%三唑酮（粉鏽寧）可濕性粉劑500倍液、6%樂必耕可濕性粉劑1000倍

液或者 4%農抗 120 水劑 500 倍液進行葉面噴霧防治。黑斑病則在夏季即應開始噴保護劑 1～2 次，如 75%百菌清可濕性粉劑 500 倍液或 50%多菌靈可濕性粉劑 500 倍液。

月季花較喜冷涼氣候，適宜生長開花的氣溫為 25℃左右。夏秋溫度過高時，宜適當遮蔭，優良品種更應注意。否則植株生長不良，對開花不利。

（2）盆栽：

盆栽所用的培養土，用 50%的園土，拌 30%的腐熟垃圾土、10%～20%的粗糠灰，每 50 千克土再加入腐熟的堆肥或餅肥 10～15 千克。

除新育小苗外，2～3 年以上的植株都要修根，把過長的老根短截，促發新根，剪去過密的老根。受傷和裂開的根部要剪平，促使傷口癒合發新根。

盆栽以土燒盆為宜。盆徑大小應與植株大小相稱，一二年生苗栽中放盆，二年生以上生長旺盛的用頂放盆，三四年生用特放盆。為了便於觀賞，大型植株最好不用盆栽。上盆前，舊盆要洗淨，新盆要先浸潮後再用。栽時注意根部舒展，植株端正，盆土不宜過滿，上盆一般在休眠期進行。

盆栽月季，當植株不斷生長，盆土中的養分已消耗完，根已充塞了原盆，就需要在休眠期進行換土換盆。用大盆換小盆，去掉隨根土的大部分，保護鬚根，用新培養土重新栽入盆中，澆透水後，先置陰處，後放背風向陽處培養。月季盆栽 3～4 年後應轉入地栽。

盆栽月季在生長旺盛季節，除嫩枝發紅時外，一般每隔 7～10 天施薄肥 1 次，使葉片經常保持濃綠而有光澤。先疏鬆盆土，等盆土乾了再施肥，施肥後注意澆水。氣候炎熱乾旱時，不

宜施濃肥，可將液肥摻水澆灌。具體做法是：

　　2月下旬施濃肥，可施70％～80％的人糞尿，這時尚未萌動；4月中下旬施淡肥，可施20％～30％的人糞尿，這時花蕾已形成；6月上旬花謝後施50％的人糞尿；7月用肥水澆灌；8月中旬施肥促發新梢，濃度為20％～30％。冬季施一次濃肥，護苗防寒。春天氣溫低，晴天每隔2～3天灌水1次。夏天每天澆水1～2次，上午澆水以保持盆土濕潤為宜，下午澆透。修剪和其他管理與地栽相同。

　　杜鵑（*Rbodoendron simii*）為世界著名的觀賞花木，其花色美麗，變化多，有紫紅、紅、桃紅、肉紅、粉紅、橙、金黃、雪青、白等色。花大的直徑達8公分，小的不到1.5公分。

　　杜鵑花的種類及其品種極其豐富，長江中下游地區栽培的分為落葉或半常綠，以及常綠三類。落葉和半常綠杜鵑因開花時間不同，又分為春鵑和夏鵑。

　　杜鵑的繁殖方法有播種、扦插、高壓等。

1. 播　種

　　是培育新品種的主要方法。但自然雜交結實率低，宜用人工輔助授粉，以提高結實率。

　　人工輔助授粉的方法是：選好母本後，在開花時移入溫室，一般放樣盆每株選留花大、開花早的花4～5朵，先去雄、套袋，摘去花旁新芽，使養分集中，看到柱頭有黏液時，即用父本的花粉塗2～3次即可。一週後，將花盆搬出室外培養，加強水

肥管理，到 12 月種子成熟，採下陰乾、風淨。常綠杜鵑種子要隨採隨播於溫室，落葉杜鵑種子可放到春季播種。杜鵑種子不耐貯藏，貯藏一年後，發芽率就會降低，甚至完全不能發芽。

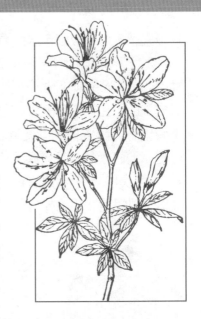

播種宜用腐葉土或山泥。可在陰坡挖取有青苔的土壤，篩去石礫，用蒸氣進行消毒，曬乾後待用。宜用淺盆播種，盆底墊木炭或碎瓦 3～4 公分，上鋪腐葉土 3～4 公分，鎮壓刮平。播前先將盆土浸濕，然後均勻撒播，做到稀密合適。播後輕輕鎮壓，不需蓋土，蓋上玻璃，並用報紙遮蔭，置於溫室。盆土乾燥時，可用噴霧器噴水，以不使土面發白為度。播種期以 4 月中旬至 5 月中旬較好，約一個月後發芽，當苗長出 2 片真葉時，用小竹夾夾出，移栽於其他花盆中，宜稀不宜密，略遮蔭，不能讓雨水沖打，當年不要施肥。第二年苗高 6～9 公分時，開始施薄肥。第三年苗高約 20 公分，少數植株可開花。第四年都能開花。這時才能進行選優，決定去留。

2. 扦　插

扦插苗生長快，3 年可開花。一般在春季插頭年生老枝。或夏季插當年生嫩枝，即將半木質化呈黃褐色的枝條，剪成約 3～5 公分的插穗，用 1000：1 的吲哚丁酸粉劑處理，然後扦插。插壤用山泥、腐葉土均可，扦插深度為插條長度的一半。插後澆

水、蓋簾、蓋塑料薄膜，以後保持一定的濕度。夏插氣溫超過30℃以上時，要蓋雙層簾。一個月後，扦插苗即可生根，這時可逐漸接受陽光練苗。澆水宜偏少，每天可噴霧，每隔半月可加入0.2%～0.5%的尿素1次，以促進生根。秋季扦插的宜移入溫室越冬，或蓋草簾防寒，第二年春天移栽。

3. 高　壓

一般在梅雨季節進行。選粗壯的2～3年生枝條，進行環狀剝皮後，用塑料袋或竹筒套上，裡面放腐葉土，注意保持濕潤，約半月後生根。過2～3個月後，即可脫離母體移栽。杜鵑以盆栽最普遍。杜鵑是酸性土的指示植物，喜疏鬆酸性土壤（pH值4～5），陰涼濕潤氣候、通風良好的環境。野生杜鵑多生長在小山陰坡，抗寒力較強。落葉杜鵑可露地栽培。盆栽杜鵑冬天都在溫室越冬。春鵑比夏鵑耐寒，越冬時，室內溫度不低於5℃即可。夏鵑要求室溫10℃左右，春天出房後，放在陰棚下培養。

盆栽杜鵑最好用山泥。也可用湖土代替，但只能栽大苗，而且護根土仍需用山泥。一般9月至第二年開花以前都可移栽上盆。1～2年生苗移入三淺盆或頭沖盆中，3～4年生苗可栽入放樣盆。上盆時，下填約3公分厚的湖土，上蓋厚2～3公分的山泥，將苗放入盆中，再加山泥，搖動花盆，使土與根密合，再加土至盆沿3～4公分為止，略按緊，澆足清水。

杜鵑怕曬怕乾，強烈的日曬往往造成嫩葉萎蔫，嚴重時，嫩葉灼傷枯死，因此夏季要注意遮蔭。天氣乾旱、氣溫高時，應充分澆水，還可葉面噴霧，增加空氣濕度。澆水以土壤保持濕潤為度，忌積水，否則易爛根。澆水多少應根據盆的大小與植株生長情況決定，以見乾見濕為好。春、秋兩季每隔2～3天澆水1

次，冬季應少澆，盆土不乾不澆水。

杜鵑根纖細，脆弱易斷，移栽時一般均需帶土球。施肥不能過濃，一般均用稀薄的液肥，如經過充分腐熟的油餅水或人糞尿等。施肥分 3 次，即花前肥、花後肥及花芽分化肥。為了防止黃化，應加施 0.1％硫酸亞鐵和磷肥，以促使花色鮮艷。如葉色淡綠發黃，可勤施肥，一般每月施薄肥 1 次即可。

盆土應經常保持疏鬆，每年 7～8 月注意杜鵑花褐斑病和紅斑病，在發病初期可噴灑內吸性殺菌劑 125％力克菌可濕性粉劑 2000～3000 倍液或 25％敵力脫乳油 1500～2000 倍液。蟲害主要為網蝽，可噴灑吡蟲啉等無毒、低毒內吸藥劑防治若蟲。確保植株生長健旺，葉茂花繁。

山茶花（*Camellia japonica*）原產中國雲南、廣東，日本沿海也有野生種。它的原始種是野生滇山茶，經過長期自然選擇演變和人工雜交育種，如今已培育出五光十色、蔚為壯觀的園藝栽培品種。

山茶花屬山茶科常綠灌木或小喬木，喜溫暖濕潤的氣候。開花前期溫度應不低於 5～7℃，開花期間溫度為 10～15℃。最高不宜超過 20℃。花蕾在室內超過 20℃和空氣污濁乾燥的情況下，容易脫落。開花前一個月，移到溫度保持在 10～18℃的室內，如果溫度過高，容易引起山茶花早開早謝。山茶雖喜濕潤，但忌大水。

夏季每天澆水 1～2 次（高溫燥熱天氣在早晨 8～9 時和下午 4～5 時各澆 1 次），並在周圍地面灑些水，以降低溫度，增加空氣濕度。春、秋兩季適當澆水，冬季控制澆水。

山茶性喜土層深厚、土質疏鬆、排水良好、酸性並有團粒結構的腐殖質土，pH 值以 5.0～6.5 為合適。土壤鹼性過重，則生長不良，葉色變淡、發黃以至脫落，可施用稀薄的硫酸亞鐵進行改良。山茶花又怕日光直射，喜半陰半陽的環境，可以定植在稀疏的樹蔭處。盆栽應置於通風良好的室內近窗處或蔭棚下。山茶較喜肥，它的花期長，從元旦前到春節後，最晚可達清明，應注意在開花前後施以適量的較濃的液肥。4 月出房後，摘除殘花，可用稀薄的腐熟的豆餅水追肥。這時應放在陽光充足的地方，增強光合作用，到 6 月份新葉老化時再放進蔭棚。

為了減少山茶生理性落花落蕾現象，除加強水肥管理外，還要保持植株的生長均勢。冬初在枝條頂端選留一個飽滿充實的花蕾，其餘花蕾全部摘除，下部葉腋的花蕾也要剝去，集中營養在每枝頂端開出一朵大而瑰麗的花。

山茶花春季停止生長早，花芽形成也早，但數量不多。利用這一特點，用塗抹生長刺激素的辦法，可以使花芽加快生長，提早開花。

茶花苗期生長緩慢，扦插苗要 4～5 年，嫁接苗要 3～4 年才能開始開花。一般多採用扦插法繁殖，即在夏季採取充實的一二年生枝，剪成 10～15 公分長的插穗，也可用 2 葉 2 芽的插

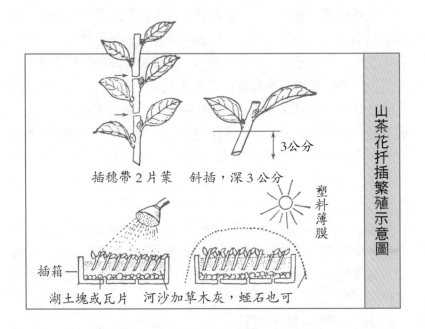

插穗帶 2 片葉　　斜插，深 3 公分

3公分

塑料薄膜

插箱——

湖土塊或瓦片　　河沙加草木灰，蛭石也可

山茶花扦插繁殖示意圖

穗。為了節約枝條，用單芽露地扦插或室內沙插亦可。插壤可用河沙、火爐渣、粗糠灰或蛭石。露地苗床要架設蔭棚，也可放在樹蔭下或室內通風處。每天看天氣情況噴水多次。插後一般需 2～5 個月生根，稍長後即可上盆。

　　嫁接繁殖用紅花油茶或單瓣山茶的實生苗作砧木，選適合本地生長的優良品種作接穗，於 4～9 月份單芽接，採用切接法。嫁接苗比扦插苗生長快。播種法因種子變異大，常易退化，高壓法易損壞母株樹形，多不採用。

　　盆栽茶花每隔 2～3 年換盆 1 次，換盆可在 3 月上旬到枝條萌發前進行，9 月中旬至 10 月上旬亦可，但以春季換盆最好。

　　山茶花易受紅蜘蛛和多種介殼蟲危害，加強通風，並噴灑 48%樂斯本乳油 1500～2000 倍液或 25%優樂得（噻嗪酮）可濕

2.養花技術

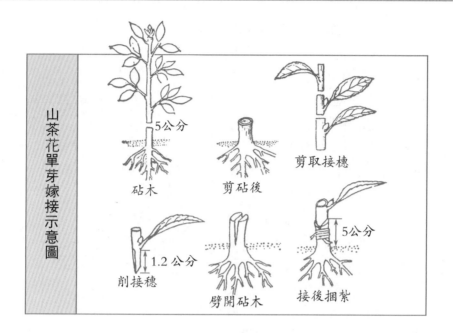

山茶花單芽嫁接示意圖

5公分

砧木　　　　剪砧後　　　　剪取接穗

削接穗　　　劈開砧木　　　接後捆紮

1.2公分　　　　　　　　　5公分

性粉劑 2000 倍液防治。如果葉面出現黃化、白化現象，噴施 0.1%的硫酸亞鐵溶液，慢慢可以得到恢復。

茉莉花

茉莉花（*Jamminum sambac*）原產印度及阿拉伯，現廣植於亞熱帶各地。

茉莉花屬木犀科的半落葉灌木。成熟花蕾淺白色，花冠潔白，極芳香，常重瓣；雌蕊常不孕，通常不結果。花期 6～9 月份，盛花期 6～7 月份。花多在傍晚開放，採花應在下午，花蕾轉白時即可採摘。

茉莉喜肥，適宜於 pH 值 5.5～7、疏鬆、結構良好的沙質壤土生長。為亞熱帶長日照偏陽性植物。畏寒，氣溫在 4℃以下，

嫩枝、葉片就會受凍，較長時間0℃左右低溫，就會死亡。一般需在夜間氣溫不低於5℃的室內過冬，生長適宜氣溫為25～35℃。在生長期需要充足的水分和潮濕的氣候，空氣相對濕度在80%～90%生長最好。茉莉花在過於蔭蔽的地方栽培，生長不好，表現為葉大、節稀、花少而不香，在高溫、高濕、光照充足的地方開花最好，也最香。茉莉花不耐旱，在乾旱氣候下，萌枝力弱，花的產量也大大降低。但盆土也不能過濕，否則易引起爛根而落葉死亡。

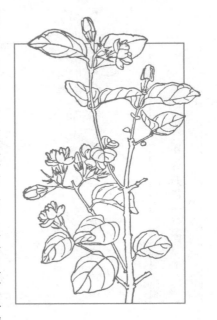

茉莉花用扦插繁殖，長江中下游地區以春、夏插為主，插在疏鬆的沙壤土裡為好。扦插時，不需用生長刺激素處理，成活率甚高，成活後當年可上盆，每盆栽3～4株，當年可有少數花。

在長江中下游地區習慣用湖土盆栽茉莉花，湖土捶細分為三級（粗、中、細），分別堆放，貯存備用。盆栽時，粗粒在下層，上置中粗粒，細粒貼根。也可用腐葉土1份，沙質壤土1份混合栽植。栽後澆定根水。

茉莉花定植後，第二年便可收花，3～6年產花量最高，以後生活力逐漸衰退，花的產量也減少，應進行更新。

茉莉花每年11～12月份進房，3月下旬出房，出房後2～3周開始萌芽抽葉。這時應進行修剪，一般在枯枝的下面下剪，將

2. 養花技術

枯枝全部剪除，並疏去細弱枝。如過冬老葉未落，也要全部摘去，這樣可促使多抽新枝。4月中旬放壙，修剪摘葉後，可施20%左右的人糞尿1次，每天中午前後燒水1次。要見乾見濕，澆必澆透。7～8月份氣溫上升，葉面蒸騰作用加快，每天澆水2～3次。初夏4～5月間，每隔5～7天施液肥1次，在盛花期的高溫時，應3天施肥1次，大肥大水，一般是上午批水，下午澆肥（或澆水），第二天解水，這樣有利茉莉花根部吸收。秋後氣候轉涼，水、肥都可以減少，9月上旬停止施肥。

茉莉盆栽一二年或二三年後，應在春季3～4月份出房前後換盆，換盆時剝去根部的陳土，修剪老根，換上新的培養土，重新改善土壤的團粒結構和養分，有利於茉莉的生長。

家庭盆栽茉莉，為使株形豐滿美觀，花謝後應隨即剪去殘花枝，以促使基部萌發新枝，控制植株高度。

茉莉常有螟蛾幼蟲危害，以7～8月份最為嚴重，常蛀食花蕾，還有卷葉蛾危害嫩芽，可用15%安打濃乳劑3000倍液或25%菜喜懸浮劑1000倍液進行防治。

白蘭花（*Michelia alba*）是廣為栽培的三大香花之一，原產西南各省，白蘭花屬木蘭科，為常綠喬木。花白色，花心綠色，有濃烈的香味；宜在清晨含苞欲放時採摘，這時質量最好。

白蘭花扦插不易生根，故常用紫玉蘭作砧木進行靠接，或用高空壓條繁殖。

廣州園林工人採用黃蘭種子育苗作砧木，用腹接繁殖白蘭，解決了白蘭繁殖缺少砧木的問題。黃蘭與白蘭同屬，親和力強，

嫁接成活率高。

白蘭花喜光，畏寒，生長溫度在 10°以上，喜肥沃疏鬆、排水良好的微酸性壤土。現將其栽培管理技術介紹於下：

（1）換盆：

白蘭花栽培在盆缸中，營養面積有限，同時長期澆水，使土壤板結，透水透氣能力變差，土中的養分消耗殆盡。因此，小苗應每年換盆1次，大苗隔年換盆1次。

換盆時，隨著植株的長大而加大盆徑，並換上新土。換盆宜在早春出房前進行，取出植株，剪去老根，以促使多發新根。若用舊缸，應先洗淨，並用2%的硫酸銅溶液消毒，先浸3～4小時，後再沖洗1次，乾燥後才能使用。因為舊盆往往附有苔蘚、泥土，會奪取盆土的養分，並阻塞孔隙，影響透水透氣，甚至藏有病菌和蟲卵，傳染病蟲害。若是新盆，應在水中浸1～2天後，取出乾後再用。因為新盆吸水力大，使盆土容易乾燥，而且含有鹼質，對植物生長不利。換盆後，澆透水，放置陰處，等枝葉有了生氣再移出，接受陽光，進行正常水肥管理。

（2）土壤：

白蘭花根最忌雨水停滯，否則根易腐爛，葉也隨著枯萎。長江中下游地區常用湖土5份、粗糠灰2份、廄肥土1份、黃沙2份配成的培養土栽培。為了使盆土通氣良好，應隨時鬆土，拔除雜草，撿去枯葉。盆、缸要用磚墊起，以便透氣排水，並可防止蚯蚓鑽入。

（3）澆水：

白蘭花最怕漬澇，土壤漬水容易黃葉爛根。但若澆水疏忽，盆土過乾，則往往出現葉子乾邊現象。澆水要濕透，不能僅濕表面，否則易發生淺根，也不能使土中新舊空氣進行交換。澆水的

2. 養花技術

分量和次數，應隨氣候與植株生長狀況酌量增減，發育不夠旺盛的植株，宜保持乾燥狀態，過濕會導致根腐、葉枯，甚至死亡。生長旺盛的植株，可稍濕一點。通常在 6～8 月，每日清晨和傍晚各澆水 1 次；4～5 月份及 9～10 月份，每日或隔日中午澆水 1 次；梅雨季節，要注意排水；從 12 月至次年 2 月，每 7 天澆水 1 次，以保持枝葉中一定的含水量，提高抗寒力。

平時要經常檢查盆中是否需要水分，可用手指叩盆壁中部，如聲音清晰，表明盆土已乾，應澆水；若聲音沉濁，說明盆土還含水，不需澆水；如盆土過乾，往往土與盆壁分離，應先注入少量水將盆土浸濕，然後澆水，以免水分流失太快。

（4）施肥：

白蘭花喜肥，冬季可用餅末、過磷酸鈣和草木灰加水漚制腐熟後，作底肥施在缸中覆土。施肥量頂放盆約為 50～100 克，其餘以此類推。4 月白蘭花出房後，每隔 10 天施稀薄肥 1 次，6 月、9 月盛花期每隔 3～4 天施肥 1 次。應在晴天盆土乾後施肥，施肥後必須解水。9 月以後停止施肥。

（5）其他：

11 月中下旬降霜前進房，室內溫度應保持在 10℃以上，每隔 7～10 天曬花並澆水 1 次。注意病蟲害的防治。乾燥炎熱，通風不良，易引起紅蜘蛛危害，使葉子發黃，並紛紛脫落，除噴藥

殺蟲外，應移至陰涼處，節制澆水，不久，可重新生出新葉。白蘭花植株生長過高，不易摘花，可進行枝條的回縮修剪，以調節樹勢。注意將徒長不開花的枝條剪除，以集中養分促進開花。

珠蘭（*Chloranthus spicatus*）屬金粟蘭科的常綠小灌木，花小，頂生，穗狀，綠白色，形如米粒，香氣濃郁，多用焙茶。珠蘭茶是高級的香茶。花期6～7月份，也可稍延長一些。

珠蘭喜陰。喜在高燥涼爽的地方生長。忌陽光直曬，夏季宜放在蔭棚下，接受散射光。用分株、壓條或扦插繁殖，武漢地區多用壓條。

（1）分株：

當植株長20～30公分，每盆有10～20分枝時，即可進行分株，將帶細根的植株分開，小心栽入盆中，置於蔭棚內，將盆墊起，澆透水，以後隔日澆水1次，等枝葉恢復了生氣，再澆稀薄的廐肥。

（2）壓條：

將珠蘭枝條穿過盛土的頭沖盆內，圍放在母本珠蘭大盆旁，用鐵絲固定頭沖盆，待生根後，剪離母體成新苗。

（3）扦插：

在梅雨季節進行。從基部剪取當年生組織充實的新枝，截成長10公分左右，剪去下部葉片，然後扦插。成活後移入頭沖盆，置於蔭棚下培養。第二年再上放樣盆。珠蘭在長江中下游地區一般用湖土栽培。澆水隨季節而異，由於在蔭棚下生長，澆水量比白蘭、茉莉都少，以使盆土經常保持一定的濕度為原則。春

季 2～4 月，每天中午澆水 1 次；5～7 月（開花期），若氣溫高，應早晚各澆水 1 次，若中午發現盆土乾燥，就再澆水 1 次；8～10 月，植株生長緩慢，不需每天澆水，約隔 4～5 天澆水 1 次；冬季應先將水曬一下，使水溫略微升高，並在晴天澆水，以免引起凍害。

　　珠蘭施肥，以薄肥勤施為宜。

　　珠蘭通常每隔 1～2 年在春季換盆 1 次，樹齡到 14～15 年後，樹衰花少，宜重新育苗。

　　在大量生產珠蘭香花過程中，還要搭立矮棚架，將花枝一一用棕線吊起，稱為「吊花」，使通風透氣良好，以增加花的產量。少量栽培用竹竿立支架亦可。

　　珠蘭夏季在陰棚中生長，冬季應在溫室越冬。

　　在梅雨季節，珠蘭易發生鏽病，可從 4 月份開始，每半月噴一次 25% 粉鏽寧可濕性粉劑 1500 倍液或 10% 世高水分散劑 2000 倍液。

　　米蘭（*Aglaia odorata*）又名米籽蘭，屬楝科，灌木，花極香，幼年時耐陰，成年時偏陽性，為南方良好的園林樹種。長江中下游地區一般盆栽，耐寒力比茉莉差，冬季氣溫降到 8℃ 時就要進房。米蘭可分兩類，即四季米蘭和一季米蘭。

米蘭常用高壓及扦插兩種方法繁殖，武漢以高壓為主，方法與其他花木高壓方法相同。近年來，扦插技術改進，採用全光照、高濕的辦法，生根速度加快，生根率提高，具體做法與月季扦插法相同。

　　米蘭喜濕潤肥沃的壤土或沙質壤土，要求空氣濕度大，夏季可放在向陽處。如果水肥足，則生長旺盛，開花多，香味濃。夏天氣溫高，澆水量可稍大，但不宜過勤，否則易爛根。開花期間，澆水量應適當減少，否則易落蕾落花；但也不能缺水，缺水則葉片乾黃反捲，脫落。澆水的多少和氣溫的高低成正比，氣溫高澆大水，氣溫低澆小水，雨天不澆水，盆土乾了再澆水。切忌不分乾濕，見盆就澆水，每盆水量都一樣。冬季室內要注意通風，室溫一般保持 10～15℃，以保持頂芽不萌動，植株不凍壞為度。如室溫過高，頂芽萌動，常在移出室外時枯梢，對夏季生長不利，影響開花。一般在室外生長的葉芽才是正常的，其長勢也健旺。米蘭花序因從新梢葉腋抽生，所以一般不加修剪。米蘭在春季要等氣溫穩定後才能出房，否則遇上倒春寒，易凍壞植株。出房日期應比茉莉晚，以在斷霜後出房為好。

　　新栽米蘭可不摻任何肥料，栽後澆透水，先放置室內，4 月中下旬後移到室外。苗成活後，每隔 10～15 天施乾肥 1 次，使肥料混入土中，以後澆水逐步溶解，供根

部吸收。每隔一周施液肥1次，濃度為20%。如果水肥適當，則枝粗葉綠，開花也多。7～8月份氣候炎熱，也是盛花期，每半月施肥1次。至9月底氣溫逐漸下降，停止施肥。

　　米蘭常見的蟲害有蚜蟲、紅蜘蛛和介殼蟲等，多是高溫、乾旱、通風不良所致。可用3%莫比朗乳油或10%吡蟲啉可濕性粉劑1500～2000倍液防治蚜蟲和紅蜘蛛，用20%速滅殺丁乳油2000倍液防治介殼蟲。家庭養花，可用煙頭或煙葉浸水，防治蚜蟲或紅蜘蛛。

蠟　梅

　　蠟梅（*Chimonanthus praecex*）屬蠟梅科，又名蠟梅、黃梅、香梅，是冬天觀花花木，花有濃香，為群眾所喜愛。

　　蠟梅是落葉灌木，高可達3公尺。花黃色，具臘質，花期12～3月份，瘦果圓形，6～7月份果熟。

　　蠟梅可用播種、分株、嫁接等方法繁殖。播種育苗是蠟梅繁殖的主要方法，但常易退化為狗牙梅。播種苗1～2年即可開花，這時可進行選優，如果是素心梅，可留作移栽；如果是狗牙梅，可在次春用枝接方法改造為素心梅。播種方法簡單，容易成苗。叢生蠟梅可在3月掘起分株。

　　移栽需在休眠期進行。移栽前宜剪除纖細枝，保留3～5個壯枝並短截，促發新梢，以利著花。蠟梅在避風處開花較好，若在風口，則花苞不易開放。蠟梅喜陽光，也略耐陰，較耐寒，也能耐旱，故有「旱不死的蠟梅」之說。

　　地栽蠟梅管理較粗放，一般每年9月施肥1次，3月花後施肥1次即可。蠟梅若生長在黏重土壤地區，即使全年不澆水，仍

能開花結實。

盆栽蠟梅，要求管理細一些，要用肥沃的輕壤土，寧乾勿濕，不需經常澆水。早春 7～10 天澆水 1 次；夏季三晴兩雨，可不澆水；7～8 月份如遇乾旱，應及時灌水，但也不宜過多，否則會造成早期落葉，影響花芽形成，開花減少。施肥視植株的生長狀態而定，一般每月施肥 1 次即可。若長得枝繁葉茂，可減少施肥。施肥時應加施少量磷鉀肥，可促使開花繁茂。

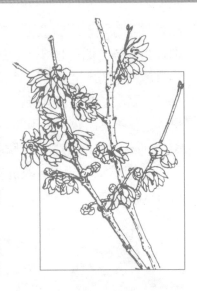

盆栽蠟梅可從幼苗起扭曲成游龍式或花屏式，這樣觀賞價值高。

蠟梅的修剪整形，都在花後進行，剪去纖細枝、病蟲枝、枯枝、並生枝、重疊枝，並將前一年的伸長枝切短，留 1～2 芽即可。5 月有芽後，為了保持完整的樹形，可進行 1～2 次剝芽，使養分集中，以利著花。多年生老樹枝幹已衰老，可鋸掉，用 1～2 年生枝幹代替，這種修剪叫更新修剪。

桂花

桂花（*Osmanthus fragrans*）屬木樨科，為常綠小喬木或灌木，高可達 10 公尺。花有黃、白、橙、橙紅等色，花期 9～10 月份，次年 4～5 月份果熟。

桂花原產中國四川、廣西、雲南、廣東等地，性喜溫暖，喜陽光，也耐半陰，

對土壤要求不嚴，但喜肥沃、濕潤、排水良好的沙壤土，耐寒力較強。

桂花樹姿挺秀，花期在十月初前後，香飄十里。花可作蜜餞和糕點、糖果、薰茶等，種子可治胃病。

常見的栽培種有：金桂、銀桂、丹桂、四季桂等。

桂花一般採用扦插法繁殖，成活率高，可得大量幼苗。為了培育母本樹，促使萌芽較多的健壯枝條作插穗，應在秋季花謝後或在早春萌發前加強修剪，並冬施底肥，春季追肥1～2次。從6月下旬至8月下旬，可採取已成熟的枝條作插穗，進行嫩枝扦插；從9～11月，可採取已成熟的枝條作插穗，進行硬枝扦插；當年即有少數生根，次年大部生根。最好從幼樹上選當年生充實健壯的枝條作插穗，徒長枝、纖細枝、內膛枝、病蟲枝都不能作插穗，插穗剪成10公分左右，剪去嫩梢，上留2片葉，其他與月季扦插相同。

當幼苗新根長至3～5公分時，即可移栽。移栽前可揭簾練苗7～10天。移栽時根醮泥漿，泥漿中可加入1%的硫酸銅及0.5%的尿素，用作根部消毒，同時可使根帶上薄肥，提高成活率。

桂花也可播種育苗。在3～4月份將種子採下，堆放腐爛後，搓去種皮，洗淨陰乾即可播種，年內僅少量種子可發芽，第二年大量發芽。播種時，苗床要加蓋稻草保溫，注意保護和管

理，小苗還需遮蔭。

桂花過去多採用嫁接繁殖，常用女貞或小葉女貞作砧木，在齊地面採用枝接，接後培土保護傷口，防止接口折斷，並誘使接穗生根。枝接在3～4月份、芽接在7～9月份進行。冬季雪天還可以進行掘接，即將砧木苗掘起，在溫室內嫁接，接後沙藏，開春後分栽。培育小苗多選擇排水良好的沙壤土。武漢地區以春植為好，因春季雨量充足，小苗不致失水萎蔫，影響成活。幼苗定植前，定植地應施足底肥，成活後，可施一次稀薄的人糞尿，5～7月每月追肥1次。大樹在冬季應穴施肥料，每株施人糞4～5千克，並加入少量的過磷酸鈣，或用廄肥加入過磷酸鈣一起施。大樹剪取插條後，要及時追肥1次，促使二次枝生長，秋季多開花。桂花要求肥水條件較高，花前，必須灌水。

桂花是一種耐修剪、萌芽力強的樹種，樹冠也容易形成。如以觀花為目的，在完成整形以後，一般只刪疏纖細枝、病蟲枝、過密枝，結合打插花，刪疏一部分即可，不需強度修剪。若培養母本樹，以採插條為主，則應適當剪截，促使萌發大量新枝。

桂花不定芽萌發性強，每到5月間，在樹幹基部及中部往往叢生許多萌芽，除為了採取插條留下外，一般都應及時抹掉，以免奪去養分，影響樹勢。

桂花一般都是地栽，盆栽的很少。因為桂花生長旺盛，需要盆栽的，必須用缸栽培，選3～4年生剛進入開花期的幼樹上盆，盆土用園土7份、粗糠灰2份、廄肥1份配合。根據植株生長情況，約每月追肥1次，經常鬆土，促使新梢發育，每隔一年翻盆換土1次。

地栽桂花可因樹定型，叢生性強的品種可從幼樹開始培養成灌木型，每年結合剪切花，適當疏枝，部分枝條截短，將植株控

制在 2 公尺之內。能培養獨本桂花類型的，就要盡量培養粗壯的主幹，使成喬木。桂花樹冠自然形成卵圓形或闊卵形，樹形較整齊，為了每年開花繁茂，要適當疏枝，使之通風透光。

桂花不耐煙塵，若經常被煙塵覆蓋、污染，則生長不好，葉片脫落，葉片變小，不易開花。桂花易發生白粉虱為害，注意用阿維菌素類藥劑防治。

含笑（*Michelia figo*）屬木蘭科、含笑屬的常綠灌木，花乳黃色較白。花朵開放後，在氣溫高時，香氣甚濃，頗似香蕉味，故有人叫它「香蕉花」；又因為略帶甜酒味，故又名「酒醉花」。花期 4～5月份，11 月果熟。

含笑原產中國南部，在長江中下游地區露地可越冬，也可盆栽。

含笑常用播種和扦插兩種方法繁殖。在一般情況下，除冬季嚴寒和夏季高溫外，其餘時間都可扦插。長江中下游地區在露地栽培含笑可結實，若從實生苗上採取插穗，成活率可達 90％以上。扦插可在露天土床上進行，具體做法與其他常綠樹相似。扦插苗 3 年可開花。

播種繁殖的作法是：11

月底將種子採下沙藏，待種子裂開後播入沙拌土的苗床中，幼苗有4片真葉時進行移栽，株行距15公分×20公分或10公分×20公分，以後逐年抽稀，4～5年可開花。

含笑喜弱陰，不耐乾燥和暴曬，否則，葉易變黃。喜土層深厚肥沃的酸性土壤，能耐寒，宜植於略背風處。長江中下游地區多為露地栽培，管理較粗放，冬季穴施底肥，春季追肥。盆栽含笑的肥水管理與蠟梅相似，唯比蠟梅耐陰，要求較高的空氣濕度與土壤濕度。

含笑易發生吹綿蚧、龜蠟蚧等介殼蟲蟲害，發生少時可人工刮除，嚴重時可用殺三蚧乳油1500倍液防治。

栀子花（*Gardenia jasminoides*）是中國群眾非常熟悉的花卉，花期在端午節前後，由於它是四季常綠灌木，葉色光亮翠綠，亦為庭園中良好的觀賞樹，栽培十分普遍。

栀子花屬茜草科，株高約0.5～2公尺。花白色，極香，柄很短，花瓣肉質，有單瓣、重瓣之分。

栀子花的變種有大花栀子，又名荷花栀子，花形較大，多為複瓣。另有小花栀子，花形較小，葉倒卵形，先端鈍。

栀子花原產中國，喜溫暖濕潤氣候和微陰地，要求濕潤、輕鬆、保肥力強的酸性土壤，在含有機質的沙壤中也可栽植。栽培甚廣，適應性強，在長江中下游地區能露地越冬。小花栀子植株矮小，宜盆栽。

栀子花多用扦插繁殖，很易生根，扦插方法與其他花木同。

栀子花多用地栽，管理比較粗放，只需在11月底至2月底

穴施底肥 1 次，3 月追肥 1
次即可。在開花期應注意供
給足夠的水分，促使花大花
香。盆栽多用小花梔子，其
植株較小，開花很多，姿態
較美。盆土以園土 40％、
粗沙 15％、廄肥土 30％、
腐葉土 15％混合製成；或
用園土 50％、粗沙 15％、

堆肥土 35％混合亦可。春季 3 月底上盆，以後每半月施液肥 1
次，盆土經常保持濕潤，每兩年換盆換土 1 次。

　　梔子花易發生介殼蟲蟲害，注意適當疏去過密枝，使植株內
通風，減少介殼蟲的發生。

　　九重葛（*Bougainvillea glabra*）又名
三角花、光葉子花、紫葉子花，為攀援落
葉灌木。苞片三角狀葉形，呈美麗暗紅色
或紫色。

　　九重葛原產巴西，我國各地都有栽
培。花期很長，長江中下游地區 6 月開始
開花，11 月為盛花期。若作短日照處理，可於十月開花繁茂。
喜光，喜溫暖濕潤氣候，不耐寒。中國南方多露地栽培，長江中
下游地區多盆栽，室內越冬。冬季在溫度低於 18℃時，則部分
葉子會凋落。此時要注意節制澆水，若過分潮濕，容易引起爛
根，甚至死亡。

　　九重葛多在 3 月扦插繁殖，要求溫度在 28℃左右，18～

22℃也能生根，但較緩慢。生根後即可上盆，開始置陰處，恢復生機後，再置向陽處。

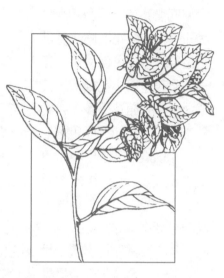

九重葛對土壤要求不嚴，但以肥沃的沙壤土為宜。為使開花鮮艷，宜在盆土中摻入少量骨粉或鈣鎂磷肥。4～9月份每月施肥 2 次，以有機肥為主。冬季休眠時，不宜施肥。在生長期間應注意供水。需在陽光充足處生長，光線不足，開花很少，甚至不開花，葉片凋落。因此，無論在生長期還是在溫室內越冬，都必須放在陽光直射的地方。紅花種需在中溫溫室越冬，溫度以 10～12℃為宜；紫花種稍耐寒，在5℃的低溫溫室可越冬。除特殊用途外，通常整成圓頭形。在花期過後，新梢生長以前修剪，以促進新芽生長，形成美麗的樹冠。為了避免花朵在移動時震落或被風吹掉，可在搬動前一週用萘乙酸溶液噴射植株，濃度為每升水加入萘乙酸 8 毫克。

八仙花（*Hydrangea macrophylla*）花大似繡球，故又名繡球花，為虎耳草科的落葉灌木。花藍色或水紅色，少有白色；花瓣早落性。花期 6～7 月份。

八仙花原產湖北、廣東、雲南等省，日本也有。多在梅雨季節採用嫩枝扦插方

2. 養花技術

法繁殖，也可用種子繁殖。性強健，喜半陰和濕潤的環境，喜生於酸性土壤中，耐鹼性較差，以富含腐殖質的沙壤土最佳。它的花序著生在頭年生枝上萌發的新梢上，故春天應剪去開過花的枝和纖細枝，只留強壯的發育枝並短截，促發新枝，使之開花繁茂。

　　八仙花適宜盆栽，也可地栽。地栽宜選擇半陰地，地上部分往往木質化不完全，冬季易受凍害而枯梢，移栽時要重修剪，僅留基部 2～3 芽。待新芽伸長至 10 公分左右時，可摘心 1 次，使其分枝增多，花團錦簇。

　　盆栽八仙花要注意肥水管理，保持土壤濕潤，如欲使白花變成藍色，可在土中加鐵和鉛鹽。一般在 2～3 月份栽。

　　扶桑（*Hibiscus roseosinensis*）原產中國南部，又名大紅花、朱錦，屬錦葵科常綠灌木。枝無毛，多分枝，盆栽一般高不過 1 公尺。花有赤、白、紫赤、純螢等色。花期甚長，溫室內早春開花，有半重瓣、重瓣、單瓣和褐斑等品種。

　　主要用扦插繁殖，在 4～5 月份進行，在溫室中一年四季都可扦插。選二年生枝條作插穗，插穗剪成 10～15 公分長，保留 2～4 葉片，如有頂芽，更易成活。然後插入沙土中，深度為插穗長度的 1／3～1／2。插後放於半陰處，保持一定的溫度和濕度。一般 40 天生根，氣溫高，生根快，成活率可達 80%～

90%。生根後逐步移至強光處。

扶桑喜溫暖，不耐寒，對光照要求強烈。冬季室溫宜保持在 12～15℃，如果放在低溫處，葉片就要脫落。在生長期間，要注意澆水，重視給葉面噴水。每周施肥 1 次，立秋後停止施肥，促使其組織充實。扦插苗栽於放樣盆培養，苗高 15 公分左右時摘心 1～2 次，促發新梢。開花後的老枝宜重剪。每年春季換盆換土 1 次。一般 11 月初入暖房，翌春 3 月

下旬出房。扶桑生長旺盛，花期長，需要充足的養料，所以，要求盆土十分肥沃。栽培土的配製，因生長階段不同而異。扦插成活時，可採用園土 7 份、糞土 1 份、沙 2 份的比例配製盆土。上盆後，放在半陰處，10～15 天後，移到陽光充足的地方。根據氣候乾濕情況，每天澆水 1～2 次。經過兩個多月的生長，可移苗換盆，盆土要用 8 份園土、2 份糞土配製。在換盆時，盆底應放餅肥粉作底肥。第二年春暖移苗出室時，可換大盆，盆土用 6 份園土、4 份糞土配製，盆底用蹄片、角屑和骨粉作底肥。以後每 2 年換盆 1 次，盆土均用園土 6 份、糞土 4 份的比例配製。

碧桃（*Prunus persica var. duplex*）是薔薇科落葉小喬木，既可露地栽培，又可盆栽，還可製作樹樁盆景。春季開花，或先開花後展葉，或花葉同時開放。花朵豐腴，色彩鮮艷，是製作切花

2. 養花技術

和布置居室、廳堂、會場的好花種。主要品種有白碧桃，花白色，重瓣；粉碧桃，花重瓣，粉紅色；千瓣紅碧桃，花紅花，重瓣；灑金，花白色，有紅色斑點，重瓣；花碧桃，花紅白條紋相間；還有壽星碧桃等。

碧桃多用山桃或毛桃作砧木嫁接繁殖。春季枝接、夏季芽接都易成活。春季栽培，種植在背風向陽、通風、排水良好的地方。對土壤要求不嚴，但以中等肥力的沙壤土為好。用少量廄肥、骨粉或過磷酸鈣作底肥。肥料過多容易旺長，不利於花芽形成。碧桃根系發達，容易栽活，但忌深栽。盆栽用土可用輕黏質壤土摻腐葉土調製。春季乾旱時，20天左右澆水1次，土壤不乾不澆。花多著生在一年生枝條上。開花後應修剪，促進新枝萌發，有利於來年開花。修剪時避免重剪，宜抑強扶弱，塑造優美樹形。

碧桃適應性強，從華南到華北，都可露地栽種。但春季氣溫回升後，植株剛從休眠中蘇醒，突遇寒流襲擊，易受凍傷。生長最適宜溫度為 20～25℃。碧桃耐旱怕澇。在乾旱環境中能生存，但壽命縮短。土壤短期積水，輕則落葉，重則死亡。碧桃喜陽光，在蔭蔽環境中發枝少，新枝細弱，著花率低。發現蚜蟲、葉蟬和介殼蟲等為害，可用 18%愛福丁乳油 3000 倍液和 48%樂斯本乳油 1500 倍液防治，並注意用 77%可殺得可濕性粉劑早期預防碧桃的細菌性穿孔病和流膠病。

玫瑰（*Rosa rugosa*）屬薔薇科落葉灌木，性喜陽光，耐寒抗旱，花期5～6月份，但7～8月份仍有零星開放。花形秀美，色彩艷麗，氣味芬芳。花單生，或3～4朵簇生於當年生新枝頂端；多為紫紅色，也有白色的。主要栽培品種有重瓣紅玫瑰、重瓣白玫瑰、重瓣紫玫瑰等。莖較粗壯，密生銳刺，羽狀複葉。適宜庭園中叢栽或單植，布置花壇、花徑、綠籬，是優良的園林觀賞花木。

玫瑰可用播種、分株和扦插法繁殖。扦插法應用較多。秋末剪枝條，經過埋藏越冬，第二年春插。也可在春季4月剪枝扦插。分株繁殖在春秋兩季均可進行，分株多少依植株強弱而定。植株分蘗力強，每隔2～3年可分株1次。播種繁殖宜在早春進行，種子要經過沙藏。

玫瑰對土壤要求不嚴，但以肥沃的中性或微酸性沙質壤土為好。宜栽種在背風向陽、排水良好的地方，用堆肥、廄肥、人糞尿、油餅作底肥。春夏要每隔10～15天施液肥1次，隨即澆水。夏季生長快，若缺肥，下部

花博士提示

在玫瑰開花期摘花可以增加開花次數，即摘除已開過的花朵。摘花多開花次數也多，若不摘花，一年便只開花一次。作鮮切花的摘花以早晨最好，此時花朵初開，香味最濃。

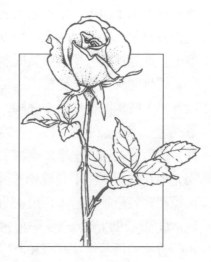

2.養花技術

枝條易落葉。夏季高溫蒸發快，需增加澆水次數，但土壤也不宜太濕。雨後要及時排水防澇。入冬後，根部培肥土，並澆一次防凍水。每年秋季或早春萌動前進行修剪，調整株形，促發新枝。在新芽發出和花蕾膨大時，常有蚜蟲為害，應及時用藥噴殺。8月後有黑斑病、白粉病發生，應噴波爾多液防治，或立即除去病枝燒掉。

貼梗海棠（*Chaenomeles lagenaria*）又名鐵杆海棠，是薔薇科落葉灌木。3～4月份開花，開花先於展葉或花葉同放。因其花似海棠，花梗極短，開花時緊貼於梗上，故名。花5瓣，猩紅色或深朱紅色，也有淡紅或白色的。10月果熟。可用作綠籬、花籬、單栽或叢栽於公園、綠地、庭院。亦可人工修整作盆栽，置廳堂、會場、陽臺，非常美麗。主要品種有白花、珠砂、橙黃及木瓜海棠等。

繁殖除分株、壓條和播種外，常用扦插法繁殖。夏季6月選當年生粗壯、中等成熟、稍木質化嫩枝扦插，插後保持濕潤，20多天便可生根成活。分株法是在春季3月挖出母株，按1～3個枝幹分為一束，短截後分別栽於新穴或分盆。穴栽施底肥，第二年可開花。壓條法是在春末夏初選粗壯長枝條，壓彎埋入母株附近土中，保持土壤濕潤，兩個月便可生根，第二年春分割移栽。播種法是在10月將成熟種子貯存在乾燥的室內，第二年3月，用40℃的溫水浸種1小時後，拌和濕沙土堆積室內，每週翻動1次，待種子約有一半萌芽（約25天左右）即可播種。

貼梗海棠喜陽光，能耐寒，水澇易爛根。雖不擇土壤，但在

深厚肥沃的土壤上生長開花最好。
宜選擇背風向陽的地方栽種，生長
好，開花早。若栽在風口處，則枝
梢易乾枯。如缺肥缺水，會使葉片
枯黃或脫落。定植後的 3～5 年
內，每年秋後在植株四周開溝施
肥。

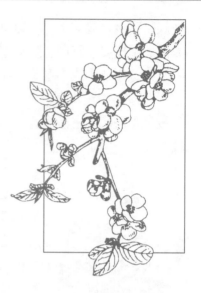

　　發芽前、開花前和夏季乾旱時
要澆水，秋後霜凍前澆防凍水。多
雨季節應排水防澇。盆栽苗若勤澆
灌，精心撫育，11 月移入室內，
元旦、春節期間可第二次開花。

　　貼梗海棠生長較快，若枝條過密，則花少而小，故每年 3 月
萌動前應疏剪過密枝條和病蟲枝，剪短過長過細的枝條，促使花
多而大。如有蚜蟲和紅蜘蛛為害，可用 3000～4000 倍液的阿維
菌素類藥劑噴殺；初夏注意用 500 倍液的 BT 乳劑防治刺蛾和避
債蛾；同時用 50％多菌靈可濕性粉劑預防海棠鏽病。

　　紫薇（*Lagerstroemia indica*）是千屈
菜科紫薇屬落葉灌木或小喬木。原產中
國中部和南部，現在華北也常見栽培。
花紅色，從 6 月中下旬至 10 月上旬陸續
開放，花期長達百日之久，故有「百日
紅」之稱。在盛花期，紅花滿樹，所以又
叫「滿堂紅」。用手輕輕撫摸樹幹，就會全樹微微顫動，因而又
叫「怕癢樹」或「癢癢樹」。栽培品種有白花、粉紅、紫粉、紫

2. 養花技術

紅等。白色的叫銀薇，紫粉色的叫翠薇，粉紅色的叫紅薇。它們都是大的花序，特別醒目。紫薇樹姿優美，花色艷麗，在夏秋少花季節開放，更覺可貴。在庭院、花壇、池邊、房前屋後單栽片栽，效果都很好。也可與常綠樹相間，作行道樹栽培，還可以盆栽或作盆景。

紫薇是陽性樹種，喜陽光充足，但也略耐陰；喜排水良好、適當肥沃的土壤，但在較瘠薄的土壤中也能正常生長；耐旱力較強，不耐澇；喜溫暖，也能抗寒。紫薇適應性較強，所以各地普遍栽培。紫薇多為露地栽培，盆栽也很別致。紫薇萌蘖力強，移栽時宜重剪，將所有一年生枝條僅留1～2芽短截，大樹移栽僅留主幹的一部分，其餘去掉，既易成活，又能促使新枝萌發旺盛，開花繁茂。它是一年生枝條開花，老樹必須年年修剪，才能大量開花。若要養成大樹，則應適當輕剪。盆栽以蒼老古雅為佳，可從山野挖苗，枝、根重剪後栽入盆內，成活後於新梢基部嫁接優良品種，當年即可開花。也可將盆栽苗強剪成椿景。

紫薇枝條柔軟，可隨意盤曲，故盆栽苗可綁紮成各種樹姿，別有情趣。

紫薇可以用播種、扦插、壓條等方法繁殖，以扦插法為主。春末夏初發芽前剪下充實健壯的一年生枝條，切成15公分長的插穗，插於露地苗床，成活後一

年內可高達 1 公尺，秋季便可開花。紫薇花期長，消耗養分多，必須在 3、5、8 月各追肥 1 次。乾旱季節適時澆灌。春秋兩季均可栽植，栽時施堆肥，但施肥量不宜過多，忌用人糞尿。每年冬季適當施些底肥。秋季落葉後在根部培肥土，可促進生長開花。

紫薇對二氧化硫、氟化氫及氯氣等抗性較強，能吸收有害氣體，是淨化環境、保護環境的優良花木。

紫薇病蟲害主要有蚜蟲、絨蚧和蟲害引起的煤污病，防治時用吡蟲啉與 20%速滅殺丁混配使用。另外，在乾旱季節易發生白粉病，注意用 10%世高水分散劑 2000 倍液防治。

紫荊（*Cercis chinensis*）是豆科紫荊屬落葉灌木或小喬木，3～4 月份開花，先花後葉。花為假蝶形，紫紅色，5～8 朵簇生於老枝及幹上。由於它從上到下滿枝都是紫紅色的花朵，所以又叫「滿條紅」。另有一種白花紫荊，花為純白色。

紫荊廣泛分布於中國各地，適應能力較強。它喜陽光、溫暖，喜生長在高燥、肥沃、疏鬆的土壤上，耐乾旱，忌水澇，不耐嚴寒。在華北地區能生長良好，但宜選庭院向陽避風的地方栽培。紫荊萌蘗力強，耐修剪，每年秋後，應剪去過密、過細的枝條和枯、蟲枝，以有利於通風透光，促進花芽分化，保證花繁葉茂，又有利於植株安全越冬，不致枯枝凋條。要注意保護 3～4 年生枝條，因花多著生其上，倘若誤剪，便無花可看了。根部萌蘗枝應除去，以免消耗養分，擾亂樹形。紫荊根系發達，適應性強，管理較粗放，移栽易成活。多為叢生，可任其發展成自然圓頭形。夏季宜將側枝摘心，促使分枝，則樹冠緊湊，開花茂密。

2. 養花技術

紫荊適於公園、庭院內單植，假山、高地叢植，與綠樹相襯；或與連翹、棣棠等黃色花木並植，互相輝映，更加美麗。

紫荊可用播種、分株、壓條等方法繁殖，以播種法為主。10月種子成熟後，採收莢果，去殼乾藏至翌春3月下旬至4月上旬播種。播種前對種子不作任何處理或進行80天的層積處理，或用溫水浸種1天均可。播後1個月即發芽，播種苗3年即可定植。苗木移栽時宜帶土球，其根較堅韌，不易挖掘，需用利器切斷根部，不使土球散開，以保證成活。

紫荊的種子有毒，碾壓成粉末泡水，可以殺死植物害蟲。

夏秋之間，常發生刺蛾幼蟲為害紫荊葉片，可以用10%除盡懸浮劑1000～1500倍液進行防治。

繡球花（*Viburnum macrocephalum*）又名斗球、木繡球，忍冬科落葉灌木，高可達4公尺。全為大型白色不孕花，狀如繡球，自春至夏開花不絕。

繡球花喜溫暖濕潤氣候；喜陽光，也能耐陰；喜肥沃、濕潤、排水良好的輕壤

常見花卉栽培

土。適應性較強，露地栽培，管理粗放。常叢植於路口、草坪、林緣，或植於小徑兩旁，也可盆栽。它花期較長，花序碩大，潔白如繡球，深受人們喜愛。

繡球花用扦插或壓條繁殖。在春季用一年生枝扦插，或在梅雨季節用當年生粗壯新梢扦插均可。壓條繁殖也在春季進行，也可高空壓條。3～4 月份壓條，6～7 月份便可生根，9～10 月份剪下分栽。

繡球花植株分枝較散亂，主幹、主枝易萌發不定芽，形成徒長枝，擾亂樹形，花後應適當修剪，疏除病蟲枝、過密枝、纖弱枝，保持良好樹形，並結合適當澆水施肥，年年可以開花繁茂。繡球花喜肥，肥足花旺。不耐水漬，也不耐乾旱，所以，雨季要注意排水防漬；乾旱烈日易灼傷葉片，需及時灌水並覆蓋根盤。

發現紅蜘蛛為害時，可用 6％克蟎淨乳油 2000～3000 倍液進行葉面噴霧防治。

櫻花（*Prunus serrulata*）是薔薇科李屬落葉喬木，高 5～25 公尺。花白色或粉紅色，也有黃色的，3～5 朵組成傘房狀總狀花序。花期 4～5 月，花葉同放。核果近黑色，7 月果熟。

櫻花原產中國、日本和韓國，為春季重要觀賞花木。它喜陽光、不耐陰；怕風，不耐煙塵；喜排水良好、疏鬆、肥沃的微酸性沙壤土，不耐鹽鹼；喜空氣濕度大的環境，不耐土壤潮濕和積水。野外常生於山溝、溪旁和雜木林中。園林中常植於道旁、山坡，配以假山石及開花灌木，自成一景。或以常綠樹、建築物為背景進行孤植，或幾株叢植於草地、溪

旁、湖邊，也可成片栽種。

櫻花是陽性樹種，栽植時樹間應有一定距離，以保證有充分的光照，若光線不足，則葉薄花稀，生長不好。櫻花是淺根性植物，種植時樹穴宜稍大，以利根系伸展。栽前在樹穴中施足用骨粉和腐熟的有機肥與土拌和的底肥。起苗時盡量不傷根系，挖大樹時要帶土球。宜淺栽，不宜深栽。櫻花應少修剪，採用自然式樹形效果好。

繁殖櫻花可用嫁接、壓條、分株、扦插和播種等方法。栽培優良品種常用嫁接法，在春季枝接，用櫻桃作砧木，成活率高。播種和扦插法主要用於培養砧木。

櫻花的病蟲害主要有縮葉病，發生在春季的新梢上，葉片先增厚、皺縮，以後捲曲呈紅色或黃綠色，脫落，甚至新梢亦枯死。可在春季發芽前噴灑波美 5 度石硫合劑預防。發現葉片病症時，噴波美 0.3 度石硫合劑，每 2 週 1 次，連噴 3 次，並剪除病葉、病枝燒毀。發生蚜蟲後可噴煙參鹼800 倍液或 10％吡蟲啉可濕性粉劑 1500 倍液防治。紅蜘蛛在乾燥高溫環境中易發生，可噴 73％克蟎特乳油 2000 倍液或 5％霸蟎靈懸浮劑 1000～1500 倍液。介殼蟲和網蝽可用 50％愛樂散乳油 1000 倍液噴殺。用功夫、來福靈、敵殺死、天王星等菊酯類藥劑防治刺蛾和軍配蟲。

蝦衣花（*Callispdia gattata*）別名蝦夷花、麒麟吐珠、狐尾花、狐尾木。花期長，易栽好管，且數年不敗，很適合家庭陽臺種植。

蝦衣花為爵床科麒麟吐珠屬多年生常綠亞灌木，全株具毛。莖圓形，細而堅挺，多分枝，嫩枝莖節基部紫紅色。葉卵形，全緣，先端尖，長 2.5～6 公分，有柔毛，葉柄細長。穗狀花序頂生，下垂，具棕色、紅色、黃綠色、黃色的宿存苞片，花白色，伸出花苞外，唇形張開，有紫斑花紋。

蝦衣花原產墨西哥。喜溫暖、濕潤、陽光充足的環境，也耐半陰，不耐寒，最適溫度為 18～25℃。光照不足，苞片顏色變淡。自然花期 4～11 月，以 4～6 月花為盛，炎夏花稀疏，入秋又漸多。

夏季高溫乾旱，葉片易萎蔫，需適當遮蔭。蝦衣花喜濕潤，生長期每天澆水 1～2 次，保持盆土偏濕，並常向莖葉噴水，增加空氣濕度，每月施 1 次氮磷鉀復合肥。蝦衣花的花序都著生於新枝的頂端，花謝後，要及時剪除老枝，以促使新枝萌發，繼續開花。秋末冬初最後一茬花謝後，留 10～15 公分，將植株重剪，促其從基部發新莖，以抑制翌年植株的高度。

冬季可耐 -3℃ 的低溫，但不開花，長江以南，可在室外安

全越冬，以北則應入室越冬。置於陽光充足處，若能保持室溫15℃，可常年開花。

用扦插繁殖，四季均可進行。一般在春秋季剪取 10～15 公分長半木質化的枝條插於素土或黃沙中，置於半陰處，噴水保濕，半月可生根，生根後上盆定植，及時摘心，促使分枝，培養矮化豐滿株形。月餘帶土移栽定植，並摘心 1 次，促發分枝。春插者秋見花，秋插者翌春見花。亦可於春季分株繁殖。

溫室內易遭介殼蟲、紅蜘蛛危害，噴灑 40％速撲殺乳油1000～1500 倍液或 73％克蟎特乳油 2000～3000 倍液進行防治。注意樂果對蝦衣花有害，在高溫期使用，易造成花瓣枯捲，葉片、花序、小枝脫落，失去其觀賞價值。

吊鐘海棠（*Fuchsia hybrida*）又名倒掛金鐘、燈籠海棠、吊鐘花，原產於南美洲及新西蘭，由於近 200 年的栽培，出現了許多園藝雜交變種，具有各種美麗的顏色。因其花朵下垂，好像倒掛的鐘一樣而得名，是一種觀賞價值較高的溫室花卉。

吊鐘海棠屬柳葉菜科的落葉小灌木。溫室栽培時，冬季不落葉。花有紅、白、紫等色，花萼也有紅、白之分，花期 4～6 月份。落花時連同花梗一起脫落。

吊鐘海棠常見的重瓣優良品種有白裙少女、粉紅、紫繡球，單瓣品種有萬紫千紅、紅鈴垂枝、紫茉莉、紅紫荊等。

吊鐘海棠類大部分原產熱帶，生長期間要求冷涼氣候，能耐冬季 3～5℃的低溫。夏季忌炎熱，處於半休眠狀態。生長期間的溫度以 10～15℃為宜。冬季要求陽光充足，夏季喜半陰。

吊鐘海棠繁殖以扦插為主。夏季炎熱地區，適宜早春在溫室中扦插。宜選帶頂芽的枝梢作插穗，剪成長 5～6 公分，在節下用利刀削平，只留近頂端 1 對葉片，其餘葉片用利刀從葉柄基部削平，然後插入播種盆內。插壤用過篩的山泥，盆底用粗土或湖土粗粒填至 1／3，插壤距盆口約 2～3 公分。插時用竹簽開孔，插入 1／2，株行距 4 公分×4 公分，插後澆水，保持空氣濕潤，避免直射陽光，約 10～15

天生根，再經 1～2 週移至小盆內。盆土仍然全部用山泥，加少量腐熟的廄肥或糞渣作底肥。長出 2 片新葉時開始摘心，以後繼續摘心 1～2 次，每次約相隔半月，停止摘心後 3 週左右即可開花。因此，可利用摘心來控制花期。隨著植株的生長，可逐步更換大一號花盆，不能一次用過大的花盆，否則排水不良，引起死亡。吊鐘海棠喜微酸性、腐殖質豐富、排水良好的沙壤土，通常用山泥 2 份、堆肥土 1 份、黃沙 1 份，再加腐熟的廄肥或糞渣 0.5 份混合而成。生長期對肥料的需要量很大，但要淡肥勤施，約每 7～10 天施肥 1 次。

吊鐘海棠喜陰，在 5～10 月份需遮蔭，溫度在 15～23℃時生長最為迅速，上升到 30℃時，對其生長極不利，需要採取措施，使它安全過夏。一般可置於通風的蔭棚下，並要有遮雨的設備。為了安全過夏，長江中下游地區常採取短截修剪或用春插苗

過夏，因幼苗比老株生長勢強，容易度過炎熱的夏季。夏季應停止施肥，控制澆水，使其逐漸休眠。長江中下游地區多在開花後期、葉片開始轉黃時進行修剪，僅留近基部 15～20 公分左右，使其再發新枝，度過炎夏。

天竺葵（*Pelargonium spp.*）又名石臘紅、入臘紅，原產南非好望角一帶，為半灌木狀草本，現為最常見的溫室花卉之一。花色艷麗，花期較長，易栽培。

天竺葵屬牻牛兒苗科，為多年生草本，基部木質化，花色有白、粉紅、紅及玫瑰紅色，有單瓣及重瓣種。花期長，自 10 月至次年 4～5 月份陸續開花。天竺葵屬植物約 200 餘種，常見的有天竺葵、大花石臘紅、香葉天竺葵、蔓性天竺葵幾種。

天竺葵通常用扦插法繁殖。長江中下游地區除炎熱的夏季不能扦插外，春、秋、冬季都可扦插。一般土溫保持在 11～12℃，只要管理得當，約 10～14 天即可發根，再經 10 天左右即可用小盆分栽。天竺葵扦插失敗的原因，主要是嫩枝柔嫩多汁，易自切口處侵入病菌，引起腐爛。為防止腐爛，除了選擇適當的時期外，插穗的選擇也很重要，理想的插穗是生長健壯、長約 10 公分左右、由腋芽生出的側枝。從基部剪下，注意切口平滑，在室內陰處放置一天，待切口乾燥、莖葉稍萎蔫後，即可扦插。一般早春扦插苗，冬季可開花；秋季 9～10 月份扦插苗，次年晚春開花。插壤用粗糠灰或黃沙均可。插穗保留頂芽及兩葉片，去掉花梗，插入深度為插條的 1／3～1／2。插後灌 1 次透水，在陰處放 2～3 天，待葉片挺直時，即可放在陽光下，以後

灌水不宜過多，保持插壤不
過乾即可。

在培育新品種時，可採
用播種繁殖，重瓣不易結
實，可在早春開花時，在溫
室內進行人工雜交授粉，授
粉後約 40～50 天種子可成
熟，種子採收後可立即播
種，也可秋後播。其管理方
法與一般溫室花卉相似，一
般次年可開花。

扦插苗成活後，先栽在頭沖盆裡，待根長滿後，再換栽中放
盆。培養土可用園土、山泥、渣子土各 1 份配製，加少量餅肥及
磷肥作底肥。生長期間，灌水不宜過多，每 10 天左右追肥 1
次。天竺葵喜涼爽氣候，夏季休眠應置能避開西曬的樹蔭下，並
注意通風良好。休眠期不施肥，控制給水。盆栽觀賞的天竺葵應
注意其枝條生長的分布情況，可摘心修枝整形。如以切花為目
的，可用 2～3 年生老株，換上大盆，多施水肥，使其充分生長。

一品紅（ *Euphorbia pulcherrima* ）又
名猩猩木、聖誕花、象牙紅，屬大戟科常
綠灌木。原產墨西哥，現世界各地廣為栽
培。溫室栽培通常高約 1 公尺，廣東、廣
西、雲南等地露地栽培的，高可達 6 公
尺。花小，頂生，杯狀，7～8 朵聚生，
每朵花帶有一片披針形花瓣狀的苞片，緋

紅色，這些苞片聚集枝頂組成一朵花大色艷的「大紅花」，花期12月下旬至第二年2月。

一品紅可用休眠枝或嫩枝扦插繁殖。長江中下游地區習慣在2月花謝後，降低溫度，控制水分，促使休眠。待葉片完全脫落後，溫室可在3月份、露地可在4月中下旬結合換盆進行扦插。方法是剪取10公分左右隔年生的充實枝條作插穗，剪口要平滑，剪後應洗去白漿，然後插入水中，否則影響生根。再將插穗蘸上草木灰，稍乾後，插入準備好的插壤中，深度為插穗的1／2。插壤可用清潔的黃沙或穀殼灰拌和1／2的園土作底層，上面再加3公分左右厚的黃沙或穀殼灰作面層，先用竹簽打洞，後插入。插後50天左右摘心1次，待兩側芽長出後，約在7月上中旬分栽，每盆栽2～3株，上好盆，灌足水，放在樹蔭下或蓋雙層簾，防止大雨，約20天左右生新根。以後逐步揭簾，1個月後可轉入正常管理，當年冬季可開花。

一品紅喜溫暖濕潤、陽光充足的環境，冬季溫度應不低於15℃。溫度過低，陽光不足，常引起葉黃而脫落。喜排水良好的微酸性土壤，要求pH值6～7。通常用園土和肥渣土各半。4月上中旬出房後，在換盆的同時進行修剪，主幹留10公分高，留3～4個枝，每枝基部留1～2個芽，上部全部剪除。換盆時，先去掉根頸部的老土與老根，再栽入新盆，栽後充分澆水。雨季要防止水澇。如果葉色淡綠而質薄，是缺肥的表現，應及時施肥。一般生長季

常見花卉栽培

節，可每月施液肥 2～3 次，最好是薄肥勤施。澆水量應因氣溫高低、枝葉多少、盆土乾濕而定。

春季新葉萌發時需水量少，水多易爛根。夏季氣溫高，枝葉多，蒸發量大，容易乾燥，每天可澆水 2 次。如果過於乾燥，葉片會捲曲枯焦。長江中下游地區的經驗是：連陰雨轉晴遇暴曬時，切不可缺水，否則易造成捲葉焦邊。

一品紅一定要在第一次低溫到來之前進溫室，長江中下游地區一般在 10 月中下旬。冬季溫室的溫度宜保持在 25℃左右，夜間不要低於 15℃。

一品紅為短日照植物，可採用短日照處理，使它提前在九月下旬期間開花，具體做法是遮光處理。一般單瓣種，應遮光 45～55 天，國慶用花應在 8 月上旬開始遮光。重瓣種應遮光 55～65 天，國慶用花 7 月下旬開始遮光。如時間掌握不當，過遲苞葉小而色暗，過早則苞葉不鮮，效果差。

處理期間，每天保持日照 9 小時，不能過短，否則影響植物正常生長。一般下午 5 時進房遮光，早晨 8 時出房見光。因當時氣溫往往在 35℃以上，所以晚上 10 點鐘左右要打開門窗通風降溫 2～3 小時。每天下午應先在暗室內灑水降溫後，再將花盆搬進去。處理時，要注意時間連續，不能間斷，否則前功盡棄，達不到處理的目的。同時要適當增加施肥量，促使花大葉茂。

佛手（*Citrus medica var. sarcodactylis*）原產亞洲熱帶的印度等地，現中國廣東一帶廣為栽培。

佛手屬芸香科，香櫞的變種，為常綠亞喬木。花單生於葉腋，白色，有清香。

果長圓形，皮皺，有光澤，先端有裂如指，故名「佛手」。冬至果熟，幽香襲人，古人多用作壽禮、貢禮。葉、花、果均可入藥，泡茶浸酒，可理氣健脾，化痰止咳，舒筋活血。通過修剪摘心，可以形成優美的常綠觀果盆景。

佛手性喜溫暖、濕潤、陽光充足、通風良好的環境和含腐殖質較多的酸性沙壤土。冬末春初，氣溫低，蒸發慢，2～4天澆水1次。夏秋季氣溫較高，可增加澆水次數，以盆的表面不見乾土為宜。在梅雨季節和夏季暴雨之後，應注意倒盆排漬水。夏天悶熱，可在盆的附近噴水，增加空氣濕度，降低氣溫。在施肥方面，除了注意施足底肥外，還要經常澆灌腐熟的液肥，如餅肥液（餅肥5千克，加清水50千克，再加少量黑礬）。夏季也可在盆土周圍撒些餅肥粉末，通過澆水，使其逐漸下滲，被根吸收。同時要防止施肥過多而引起生理落花落果，甚至因肥害而造成死亡。

佛手畏寒冷，霜凍之前要移至室內，溫度為5℃即可越冬。立春前後，注意開窗通氣，穀雨前就可出房。要及時摘除葉腋萌芽，減少營養消耗，以免影響結果，過密的果實也可適當疏剪。一般2～3年換盆1次。

佛手的繁殖方法與柑橘類似，長江中下游地區多採用靠接法，成活率較高。靠接多在5～7月份進行，將盆栽的2～3年生枸桔砧木移放在母本佛手附近，用磚或花盆墊好，選定1～2年生的佛手枝條作接穗，及時將砧木和接穗削成5～7公分長的盾

形切面，然後將兩者的形成層緊密接合，用麻皮或塑料紙條捆緊。兩個月後，傷癒成活，即剪斷離開母株，待長出新梢，開始澆水施肥。也可採用扦插、高壓等方法繁殖。

冬珊瑚（*Salanum capsicastrum*）屬茄科小灌木，直立性，分枝多，莖高40～80公分，全株無毛。葉綠色，長5公分左右。花小，白色，單生。漿果球形，橙黃色，大如櫻桃，直徑1～1.5公分，果汁有毒，梗長約1公分。

冬珊瑚現分布很廣，國內外均有栽培。性喜肥水，較耐寒，怕霜凍。植株矮小，果實繁密，色彩鮮麗。入冬後，果仍不落，色彩也不變，移入室內，為盆栽觀果佳品。

冬珊瑚採用播種繁殖，4月播種於溫室內，5月初幼苗高4～5公分時，移苗上盆，一週以後，可澆肥水。夏天遇暴雨時，應倒盆排漬，以防爛根。為使盆栽苗生長矮壯，多生分枝，達到果實繁密，可採取多次摘心。當苗高10～15公分時，進行第一次摘心，並追施薄肥，促生分枝。當7～8月花葉並茂，生長旺盛時，繼續追施液肥，增強樹勢。9月秋花盛放，暫停追肥，水也要少澆，從而減少生理落花，提高坐果率。待果大如綠

豆時，又要勤施肥水。11月底霜降後，移盆入室，使冬珊瑚長得枝葉綠郁，紅果累累，供春節觀賞。翌春剪除老枝，又可重新發新枝，開花結果。

石榴（ *Punica granatum* ）紅果燦燦，掛滿枝頭，別有一番豐碩喜人的景象。它又名四季石榴，是安石榴科石榴屬落葉小喬木或灌木。5～6月份開花，花兩性，肉質有紅、黃、白等色或白中有褐色斑紋。花期較長，一朵花可開10天之久。其中不孕花的萼筒基部狹小，花開即落；可孕花則花後結果，9月成熟，經久不落，可供春節觀賞。

盆栽石榴，葉色郁綠，花紅似火，果實累累，是四季盆栽佳品，也可做成盆景。石榴全株可入藥，果皮、種子可作染料，根可驅蟲，種皮、種粒可治胃病，葉片煮水洗眼疾。石榴樹皮含單寧23%，外種皮透明，紅色或無色，味甘甜可食。

石榴繁殖可用扦插、壓條或播種，通常多用扦插。扦插一般在3～4月間進行，插穗長10～15公分，插壤用腐熟的垃圾土、沙或糖灰、蛭石粉均可。扦插後，經常保持插壤濕潤，30天後，即先後癒合生根，當年可開花結果。石榴性喜陽光，好肥水，枝強健，較耐寒，喜生長在疏鬆

常見花卉栽培

的輕壤土或石灰質壤土中。生長期要經常澆肥水，肥水裡可摻些過磷酸鈣或骨粉，澆時不要沾在花瓣上，以防落花。同時要結合疏枝修剪，使枝條分布均勻，生長茂盛，達到花密果大。9月果實成熟，入冬後，仍紅果滿枝。

火棘（ *Pyracantha fortuneana* ）別名火把果、救軍糧、吉祥果、狀元紅、滿堂紅、紅籽。枝繁葉茂，綠葉白花，果紅似火，經冬不凋，是一種較為理想的觀果植物。庭院栽植中常作綠籬，或配植花壇、草坪。盆栽賞果，用於冬季室內裝飾，也是理想的盆景的材料。另外，火棘果實營養豐富，可用於多種食品以及提取色素等。

火棘為薔薇科，火棘屬常綠或半常綠小灌木或小喬木，株高可達5公尺，枝條擴張平展，短枝先端成棘刺狀，小枝暗褐色，幼時有鏽色細毛。單葉互生，倒卵狀長圓形，邊緣具圓鋸齒，近基部圓，葉面光亮。復傘房花序，花小、白色，萼片、花瓣各5枚，花期4～5月；果實扁圓形，深紅色或橘紅色。果期8～12月。常見栽培的還有：細圓齒火棘（P. crenulata）葉長橢圓形至倒披針形，先端尖而常有刺

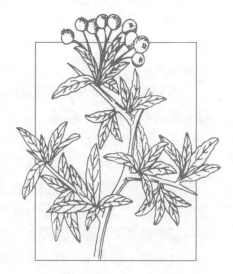

2. 養花技術

頭。窄葉火棘（P. angustifolia）葉背及花尊密被灰色絨毛，葉狹長而全緣。

火棘原產中國華東、華中、華南及西南地區的山地。性喜溫暖、濕潤氣候，也耐寒耐旱；喜光照充足，也略耐陰；喜肥沃、深厚、疏鬆的壤土，也耐貧瘠；根系發達、分蘗力強。

火棘雖為常綠樹種，但移植易於成活，可於秋季、春季進行，帶土球移植，同時對枝梢進行短截以利成活，定植前施足底肥，以促進恢復生長。生長期間合理修剪，調整樹形，盆栽火棘，每年翻盆換土，加施基肥，生長期間控水控肥，以控制樹形，花期追施兩次磷肥促進坐果率。10月下旬進入低溫溫室，保持2~5℃，保持光照。

常用扦插和播種法繁殖。播種容易出苗，可進行大量生產，但開花較晚，多在秋季果實成熟時，採後除去果皮果肉，取純種子隨後播種，也可沙藏後於第二年春播，混沙撒播，不宜播深，注意保濕，秋季播種後可覆草保暖。扦插常在夏季進行，插穗用硬枝、嫩枝均可，採取有分枝的2~3年生枝條扦插，可提早結果、成形。

火棘的病蟲害主要有龜蠟蚧、紅蠟蚧、蚜蟲、網蝽、天牛和蟲害引起的煤污病，可用阿維菌素類藥劑和樂斯本防治蚜蟲、網蝽及介殼蟲。

南天竹（*Nandina domestica Thunb.*）別名蘭天竹、蘭竹、天竹、天竺。枝葉扶疏，四季常青，紅果累累，經冬不凋，為觀葉、觀果的優良樹種。用於造園、盆栽、製作盆景、切果插瓶或綁紮花束，無

所不宜。此外、其根、莖、葉、果均可入藥，果可治百日咳，但有毒，藥用劑量宜慎重；根可治感冒，熱咳和腸炎；根、莖治風濕、跌打損傷，外用治燙傷及燒傷。

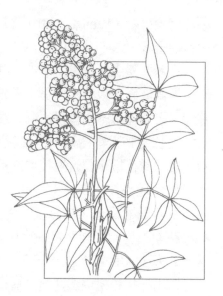

南天竹為小蘗科南天竹屬常綠直立叢生灌木，少分枝，高約 2 公尺，葉互生，2～3回羽狀復葉，具長柄，葉鞘抱莖，小葉革質，橢圓狀披針形，先端長尖，全緣。圓錐花序頂生，花小，白色。漿果球形，鮮紅色。花期 5～7 月，果期 9～10 月。

南天竹原產中國及日本。性喜溫暖、濕潤、通風良好的半陰環境和排水良好的肥沃沙質壤土。耐陰，強光下葉色變紅，且難於結實。但環境過於蔭蔽，則莖細葉長，株叢鬆散，結果稀少，有損觀賞。生長適溫 20℃左右，耐寒力較強，中國大部地區可露地越冬。

南天竹鬚根較多，一般栽植在口徑 20～25 公分的盆中，隨著植株增長每 2～3 年換盆 1 次。上盆或換盆宜在秋季生長停止後或早春萌芽前進行。

培養土可用腐葉土、沙質土、園土以 4：4：2 的比例配製。換盆時剪除部分老根，增添新的培養土，同時進行修剪整枝，截短過高主幹，以控制其生長高度；從基部疏去細弱枯病枝，促發新枝，每盆以保留 3～5 個枝條為宜。

南天竹喜半陰，光照過強過弱都會影響結果。春秋可放置於直射光照之處，自 6 月份始，務必適當遮蔭，置於涼爽的疏蔭下養護。

生長期間要注意水肥管理。夏天澆水要充足，同時要向花盆周圍地面上灑水，以增濕降溫。花期不宜澆水過多，以保持七八成濕為宜，以免引起落花。可適當施肥，幼苗期宜薄肥勤施，每隔半個月施一次稀薄餅肥水，每月澆一次 0.2% 硫酸亞鐵水，花蕾期可噴施兩次 0.2% 磷酸二氫鉀溶液。5～6 月份還可追施兩次 1% 過磷酸鈣肥液。冬季植株處於半休眠狀態，應停止施肥，控制澆水。

另外，可以進行人工輔助授粉，以提高受精率，從而增加果實數。

可播種、分株和扦插繁殖。播種可在果實成熟時隨採隨播，也可春播，幼苗長到 10～15 公分即可上盆。

播種苗生長緩慢，3～4 年後才能開花結果。分株即在芽萌動前、秋季或結合翻盆分株時進行。1～2 年後即可開花結實。扦插以新芽萌發前或夏季新梢停止生長時進行為好。選一年生枝條，截成 12～15 公分的小段，於春季插入沙土中，插後遮蔭，並蓋塑料薄膜保濕，保持土壤濕潤，一般成活率達 80% 左右。

室內栽培要加強通風透光，防止介殼蟲為害。

常見栽培變種有：玉果南天竹（var. *leucocarpa* Thunb.），漿果成熟時為白色，葉綠色；五彩南天竹（var. *porphyrocarpa* Mahino. 紫果南天竹），果實成熟時呈淡紫色；綿絲南天竹，葉色細如絲；圓葉南天竹，葉圓形，且有光澤。

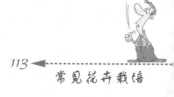

球根花卉

　　唐菖蒲（*Gladiolus hybridus*）又名馬蘭花、十樣錦、十三太保、蒼蘭等，屬鳶尾科唐菖蒲屬，為多年生球根花卉。其色彩鮮艷，姿態瑰麗，品種繁多，花期較長。

　　唐菖蒲的地下莖扁圓形，因品種的不同，有的球莖為奶黃色，有的為橙黃色，有的為紫褐色，與花色的深淺有一定的相關性。花色豐富，有白、橙、黃、藍、紅、紫及各種斑紋、斑點。

　　唐菖薄原產非洲和地中海地區，南非好望角是種類最多的地方。它是喜溫暖、喜陽光的長日照植物，宜種在排水良好的微酸性肥沃沙質壤土裡，土壤 pH 值以 5.6～6 為佳。從播球到開花，一般需 60～90 天，故一年之中，生長季節有 4～5 個月的地方都可栽種。長江中下游地區露地栽培唐菖蒲，從 3 月下旬至 7 月下旬分期播種種球，6～11 月份長達半年的時間內，可陸續開花不絕。種球播下後，氣溫只有 5℃便可萌發，10℃以下生長緩慢，20℃左右是唐菖蒲最適宜的生育溫度，氣溫過高對它生長和開花都不利。夏季氣溫升到 39℃以上，新球發育受阻，甚至腐爛，花形、花色也不如初夏和秋季開的那樣艷麗。冬季貯存種球需要 0℃以上的低溫，讓它休眠。

　　唐菖蒲除雜交育種採用播種外，一般採用分球繁殖。直徑 1 公分以上的子球，栽種後當年可開花，直徑 1 公分以下的子球，

栽種後 1～2 年開花。

　　栽植前，要精細整地作畦，畦寬
100～120 公分，分期施足人糞尿和粗
糠灰做底肥。開橫溝條播，溝距 20～
30 公分，溝寬 10～12 公分，深 15 公
分，每溝放種球 5～6 個，芽眼朝上，
株距 15 公分，蓋土 10 公分，待發出 2
片葉時，再加蓋一些疏鬆的園土。

　　培養很小的子球，可開溝撒播，每
溝播 20～30 粒種球，播前將子球的外
皮剝掉，這樣可以幫助打破休眠，提早
發芽。

　　唐菖蒲栽植後，要注意管理，苗高
10 公分前要勤拔雜草，以後每月鬆土除草 1～2 次，雨後和施肥
前後也要鬆土，除草鬆土時，不要碰傷球根和葉片。

　　唐菖蒲怕漬水，漬水會導致球莖腐爛。故春植唐菖蒲應選擇
地勢較高的床畦，春雨多時或梅雨季節，應注意清溝排漬。夏植
唐菖蒲，因氣溫高，常遇乾旱，栽後應立即澆水，才能開好花。

　　唐菖蒲在生長期間，可追肥 3 次，第一次在 1～2 片葉展開
後，促使莖葉生長；第二次在孕育花蕾時（約長出 6 片葉後），
促使花朵開放；第三次在開花後，促使球莖發育充實。

　　入秋，春植的唐菖蒲葉片逐漸枯黃，9 月下旬可挖種球，夏
植的要到 11 月初挖種球。挖球時，一個品種裝一個牛皮紙袋，
置於室內攤開，晴天連袋出曬，接連曬十幾天後，新、老球莖自
然分離，可將老球選出棄掉，然後將幾個紙袋裝入較大的麻布袋
中，懸在室內陰涼通風乾燥的地方，供第二年種植。

為了培育優良的新品種，可採用人工輔助授粉的方法，進行雜交育種。

首先，選擇優良的父、母本，於7月中下旬播球，10月中下旬開花時進行授粉，這時氣候涼爽，雨水少，工作方便，授粉後結實率高，種子飽滿充實，效果好。

當花穗下部的花露色時去頂，一穗只留5～6朵花。2～3天後，待花蕾可以剝開時，去掉下部1～2朵花的雄蕊，套上玻璃紙袋，兩天後的上午8時左右拆袋，將父本的花粉授在第1、2朵花的柱頭上。同時拔下上部花的雄蕊，而此雄蕊可留作父本用，等1～2天後再授粉。授粉後5～7天子房膨大，35～42天後，蒴果自下而上變黃裂口，進入成熟期。將成熟的種子採下，裝袋曬乾貯藏，供第二年春播用。

晚香玉（*Polianthes tuberosa*）又名夜來香、月下香，屬石蒜科晚香玉屬。它是以潔白明亮的花色，芬芳馥郁的香味招引蛾類昆蟲傳粉的植物。主要用作切花，也可布置花壇，作花籃裝飾也相宜。花內含有的芳香油，可提煉香精。

晚香玉的塊莖長圓形，表皮褐色，上端被數葉包圍，下端生根。根出葉6～9片，長披針形，亮綠色，基部稍紅。花莖從葉

叢中抽出，總狀花序，一穗 12～
18 朵花，成對著生，自下而上陸
續開放；花白色，花冠漏斗狀，花
瓣 6 片；雄蕊 6 枚，柱頭 3 裂。蒴
果頂端宿存著花被，種子多數，稍
扁平。重瓣品種名「珍珠」，秀
麗，但不及單瓣品種香味濃。

　　晚香玉原產墨西哥，好肥，喜
濕，稍耐陰，喜肥沃黏質壤土。生
育期宜高溫，球根可耐寒，長江中
下游地區能在露地越冬。

　　晚香玉採用分球法繁殖。母球
下部周圍有小球 10 餘個，3 月中
旬挖起，將小球分栽於苗床或花
壇，株行距 30 公分×30 公分。栽前用堆肥或碎餅做底肥。盆栽
時，每盆可栽 1～3 個較大的球。

　　分栽後，澆透水，出葉後可少澆水，以利根系發育。花莖剛
抽出時，應給以充足水分，並追施腐熟人糞尿，促使花開得繁
茂。

　　百合（*Lilium spp.*）屬百合科的多年
生鱗莖花卉。花朵大，花期長，姿態優
美，香氣悅人。適宜於庭園栽植或盆栽，
也可切花插瓶。有的品種，鱗片可食。

　　藥用有滋補、強壯、鎮咳袪痰、安神
之功效，臨床對肺結核、慢性支氣管炎有

常見花卉栽培

療效。

百合的品種很多，常見的有以下幾種：

①卷丹：鱗莖白色，花橘紅色，內面散生紫黑色斑點，宛若虎皮。花期7～8月份。

②白花百合：鱗片淡白色，是主要食用品種，花1～4朵，乳白色，瓣背帶紫色，極香。花期8～10月份。

③山丹：鱗莖白色，花紅色。花期6～7月份。鱗莖可食用。

④麝香百合：鱗莖白黃色，廣卵形，緊貼。花黃白色，有濃香。花期6～7月份。

⑤鹿子百合：鱗莖近球形，白至褐色。花白色帶粉紅暈和紫紅斑點，花期7～8月份。

百合原產中國、日本、北美洲及歐洲等地，大部分品種喜陽光，在半陰狀態下也能生長。喜深厚肥沃、排水良好的沙質壤土。秋季栽植，冬季開始在土內生長，春季長出土面，夏、秋開花。

百合的繁殖方法，有播種、播珠芽、扦插鱗片和分栽小球等。為了培育新品種，採用播種繁殖，種子秋季成熟，採收後貯藏在8～15℃的氣溫下，次春播種，播後20～30天發芽，發芽後要遮蔭。秋後植株即長成小鱗莖，挖起分栽，繼續培育1～2年，便可開花。

卷丹等能產生珠芽的品種，可採用珠芽繁殖。9～10月份珠芽充分成

熟時採下，及時播在疏鬆的土壤中，冬季萌動生長，但不出土；次春出土生長，秋季可長成直徑達 2～3 公分的球根，再培養一年，即可開花。

8～9 月份可利用鱗片和莖進行扦插。方法是將當年生肥厚充實的鱗片剝下，垂直插入沙箱中，入土 2／3，置於 15～18℃室內越冬，蓋塑料薄膜，少澆水，以免過濕腐爛。次春鱗片基部生出幾個小球時，便可分栽培養。6～7 月份插綠枝，也能生根發芽。

利用小鱗莖分球，是繁殖百合的常用方法。秋季挖起的小球和地下莖節處的小球，均可供繁殖用。小球分栽後，其中較大的第二年即能開花。有些品種，小球增殖不多，可用人工促使多發小球，有以下幾種方法：

（1）深栽球根：

入土莖部較長，易產生小球（小鱗莖）。

（2）切莖：

在開花前後，將莖留 40 公分左右，切去上梢，這樣可促使地下莖節處及地上葉腋中生長小球。

（3）壓莖：

開花後，將莖壓倒，淺埋土中，葉腋內可長出小球。

（4）埋莖：

開花後，將莖切成小段，每小段帶 3～4 片葉，淺埋在濕沙中，葉腋內可產生小球。

百合一般在花後 1.5～2 個月，球根進入休眠時栽植。栽時不要弄傷球根，以免腐爛。宜淺栽，約 2 公分左右，株行距 25 公分×30 公分。苗床應施堆肥或廄肥等作為底肥。

盆栽一般在 9 月至 10 月上旬上盆。根據球的大小，每盆可

119

栽 1～5 個球，盆內裝培養土，球上蓋 2～3 公分厚的細土即可。

百合同其他球根花卉一樣，主要靠底肥，在生長開始及開花初期，可追肥 2～3 次。為了使球根充實，花後應剪去殘花，不使結實。剪花時，應留 2／3 的莖。每隔 3～4 年，挖球分栽 1 次，這樣才能使百合生長和開花良好。

百合的鱗莖因無表皮保護，在貯藏時，不能懸掛，以免通風過度，造成球根萎縮。宜貯藏於乾土內或輕沙中。

鳶尾（*Iris tectorum*）又名蝴蝶花、蝴蝶蘭，屬鳶尾科。花朵美麗，色澤鮮艷，「五一」節前後盛開，是布置花壇、花徑、水邊澤畔及製作花籃的好材料。有的品種根莖芳香，可提煉香精。

鳶尾的地下莖為根莖。花有藍、白、黃、雪青等色。

鳶尾原產中國、日本。性耐寒，喜乾燥，在黏質肥土中生長最宜。

鳶尾採用分割根莖的方法繁殖，在秋季停止生長後或早春開始生長前進行。將根莖挖起，去掉老根，每株分成 2～3 份，每份留 2～3 個健壯的芽，種在土中，莖平放，原來朝下發白的一面仍朝下，灰色的一面朝上。仍按原來的深度，最深不能超過 5 公分，否則根莖易腐爛。

栽植鳶尾時，可施腐熟的堆肥作底

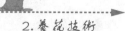

2.養花技術

肥。4～9月間，應經常除草鬆土。4月份用腐熟人糞尿追肥1～
2次。根莖能在露地安全越冬。3～4年分栽1次，剪去老根，促
發新根，使它生長健壯，開花良好。

水仙（*Narcissus tazetta var. chinensis*）
又名雅蒜、金盞銀臺、天蔥，屬石蒜科。
球根為層狀鱗莖，卵圓形，外皮黃褐色。

水仙花的品種繁多，著名品種有花冠
白色、副冠黃色的「金盞銀臺」，白色花
瓣基部有一圈紅色的「紅口水仙」，花冠
白色、副冠橙黃色的「橙黃水仙」，副冠長與花冠相等，花冠、
副冠全為黃色的「喇叭水仙」。至於白色、黃色的重瓣品種「玉
玲瓏」，尤其名貴。

水仙花葉片清秀，花香宜人，是春節期間裝飾室內幾案的珍
品。水養水仙球可用各式陶製或磁製的淺盆，配以五光十色的瑪
瑙石、雨花石，別具一格，頗富雅趣。

水仙原產中國福建、江蘇等省。性喜溫暖，空氣濕度大，冬
日不見霜雪，春天又多雨水的生態環境。具有秋長、冬開、春
藏、夏眠的特點。它對土壤要求較嚴，宜栽在濕潤而排水良好的
肥沃沙壤土中。

水養的水仙，花後鱗片內養分已耗盡，不能再作種球。繁殖
水仙，一般採用分球法，即將挖起的大球選出作水養，剩下的小
球當種球，經2～3年培養，又可作水養和盆栽用。培養小球，
首先要整好苗床。苗床要精耕細作，每畝用牛糞10擔，豆餅
100千克，人糞尿20擔，硫酸銨、過磷酸鈣、骨粉各10千克，
混翻土中作底肥，待腐熟後作床，床高30公分。然後栽種球。

第一年栽的球小，一般行距為 15～20 公分，株距 10 公分，深 6～8 公分。第二年挖起再種，這時球已增大，行距應改為 30 公分，株距 15 公分，深 10 公分。第三年又挖起再種，行距加大為 35 公分，株距 20 公分，深 15 公分。栽時將小球直立放入窪溝內，然後覆土、蓋草、澆水。以後經常保持床土濕潤，發芽後揭草，生長期內不斷進行灌溉，半個月施一次稀薄人糞尿作追肥。如果發現開花，則將花剪

去。5～6 月份葉片漸漸枯黃進入休眠時挖起，置於陽光下暴曬，待外皮充分乾燥後，掛在通風陰涼處貯藏，供當年秋季栽植。如此經過 2～3 年培養，球便長大了，挖起後，放入石灰水或波爾多液中浸幾分鐘，消毒滅菌。大小鱗莖分開貯藏。冬季，大的供盆栽或水養，小的繼續培養。

水仙於 9～10 月份間進行盆栽，要選用大球，用肥沃的腐殖質土和河沙混合的培養土，球頂離土面 3～5 公分。開花前後，施腐熟的稀薄人糞尿 2～3 次。開花後剪去花頭，約 1 個月後葉片枯黃時，挖起鱗莖，曬乾貯藏，次年秋季仍可應用。

水養水仙要剝去褐色外皮，在鱗莖上縱割幾刀，不傷芽，幫助鱗莖內芽抽出。然後浸水 1 天，擦去切口處黏液，直立放在淺盆中，圍墊石子，置陰暗處，待芽、根生出後，再放在日光下，1～2 天換水 1 次，在 15～20℃ 的溫度下，培養 1 個月便可開

2. 養花技術

花。為了防止葉片徒長，有損觀賞價值，可於夜間倒水，白天灌水。

大麗菊（*Dalia pinnata*）又名天竺牡丹、大理菊、大理花、西番蓮，菊科，花大色艷，花姿美麗，品種多樣，絢麗可愛。有的品種花徑達 30 公分，如「古金殿」、「橙黃牡丹」等；有的屬小花品種，花徑不足 5 公分，如各種小蜂窩型大麗菊。此外，尚有單瓣型、菊花型、牡丹型、細瓣型等品種，其中矮化型品種宜盆栽觀賞，其餘可布置花壇，還可生產切花，供插瓶、獻花束、花籃等用。大麗菊根可供藥用。

大麗菊的地下塊根肥大，肉質，乳白色。頭狀花序，舌狀花，重瓣或半重瓣，其瓣型有平瓣、捲瓣、筒瓣等變化。筒狀花是兩性花。

大麗菊原產墨西哥，喜強光及通風良好的環境，畏高溫嚴寒。武漢夏季炎熱，護理大麗菊越夏，要十分小心，冬季要採取防凍措施。宜種在肥沃而排水良好的微帶黏性的壤土裡。

大麗菊可採用播種、扦插、分割等方法繁殖。播種繁殖只用於培育新品種，由人工雜交或自然授粉的種子，於春季播種，當苗高 5～8 公分時，移植於花盆或苗床，當年可開花。初多單瓣，花型也小，經過幾年選育，可能獲得優良品種。扦插是在 4 月上中旬，當大麗菊發芽後，從根莖上剝芽，插入花盆或木箱中，插後澆透水，置於陰處，過幾天逐漸移至陽光下，待幼苗生長旺盛、根系發達以後上盆。花盆扦插生根以後，要換 1 次大盆。6 月份摘除的側芽，也可用作扦插材料，這時氣溫高、雨水

多，插後要經常噴霧和防暴雨。

分割塊根，在 3 月中旬進行，大麗菊的塊根很像紅苕，但它無芽眼，芽眼只著生於根頸上，所以分割時一定要連同根頸一起分割，並將切口塗以草木灰，使之乾燥，以防腐爛。然後栽入苗床，株行距 50～80 公分，深 15 公分，覆土 3～4 公分，栽後澆透水。苗長大後，結合鬆土培土 1 次。分割的莖，亦可盆栽。

地栽大麗菊，要經常保持濕潤，但不能漬水。高溫乾旱時，每天早晚澆水。當苗高 15 公分時，每週施 20% 的人糞尿 1～2次，現蕾後，濃度可提高到 30%～40%。夏季切去莖杆後，每週仍施 1～2 次較濃的肥料。

夏季多高溫暴雨地區，為使盆栽大麗菊安全過夏，可將植株從基部壓倒在地，放在陰涼通風處。

大麗菊在生長季節，要進行修剪整枝，以集中營養，使花碩大豐滿。凡莖粗、中空、不易發側枝的品種，留 4 節摘心，讓側枝開花。花後基部留 1～2 節剪去，使之發生的側芽繼續開花。至於莖細、充實、分枝性強的品種，留分枝基部強壯的側芽，摘除其餘側芽，只留頂芽開花。頂花謝後剪去，讓分枝基部的側芽開花。

中、大型花種，還需剝去花蕾，使其一枝開一花。

冬季寒冷，大麗菊地上部分枯死，可壅土防凍，或將球根挖起，地上部分留 15 公分

長，曬一天，放置溫暖、乾燥通風處，春暖後移出。梅雨季節或高溫暴雨時，常造成大麗菊成批死亡，所以地栽應隨時注意清溝排漬。盆栽遇大雨，應將花盆側倒，以免盆內漬水過多，爛壞塊根。

花毛茛（*Ranunculus asiaticus*）又名芹菜花、白頭翁、波斯毛茛，屬毛茛科。葉片秀雅，花色明麗，群體花期和單朵花期均長，宜作盆栽和切花觀賞。

花毛茛為多年生塊根植物。塊根呈紡錘形。花1～5朵，有白、黃、橙、紅、紫、褐及復色。花期3月初至4月中旬，單朵花可開7～10天。

花毛茛原產歐洲東南部及亞洲西南部。畏高溫強光，較耐寒。秋季萌芽，冬季生長，春季開花，夏季休眠。喜含腐殖質豐富的肥沃沙壤和略帶黏質的壤土。

花毛茛可採用播種、分球繁殖。

種子採收後曬乾，貯藏在通風冷涼處。9月中旬用50℃的溫水浸種3～4小時，曬乾，播於花盆內。因種子較細，應蓋一層薄細土，然後讓水滲透盆土。播後1週發芽，待長出3～4片葉後，便可分栽於花盆內。

在冬季嚴寒地區，花毛茛不能露地栽培。9月中旬前後，當芽開始萌動時，可分割塊根，進行盆栽。11月中旬前後進低溫溫室，4月初出溫室，置露地避風向陽處。6月以後，氣溫升高，可放在通風的蔭棚內

常見花卉栽培

或加簾的溫室內，這時老球已進入休眠，應將上面枝葉剪除。

　　花毛茛需水較少，只有當盆土發白時才澆水。9～10月份1～2天澆水1次，11月進溫室後，每天用噴壺噴水1次，3～4天澆水1次。春天開花後，減少澆水，夏季休眠期，更要嚴格控制水分，以免爛根。在冬季和秋季生長期，應每周施1次稀薄的腐熟人糞尿，4月初移出溫室後，停止施肥。

　　美人蕉（*Canna indica*）又名曇華、蘭蕉，屬美人蕉科。葉片肥壯，花色艷麗，花、葉均可觀賞。花期特別長，7～11月份。可在建築物旁叢栽，也可布置花壇，還可成行栽作花籬，矮生種適合盆栽，切花插瓶也很相宜，美人蕉抗有毒氣體能力強，是工廠綠化的好材料。

　　美人蕉的葉大、色綠，有的品種為紅褐色。花色因品種不同而異，多為鮮紅色，也有橙黃色和黃色，還有橘紅斑點紅瓣金邊的。花柱扁平，也像花瓣的形狀。種子黑色，近圓形。

　　美人蕉原產亞洲、非洲、美洲的熱帶地方。性喜高溫潮濕，但排水要良好。畏強風和霜害。宜在腐殖質多的土壤中栽種。

　　美人蕉採用分根莖的方法繁殖，3月中旬前後分栽，每塊根莖上保留1～3個芽。

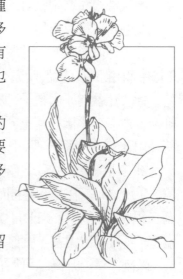

地栽美人蕉株行距 1 公尺左右。栽植時，宜挖大坑，施足底肥，栽植深度 8～10 公分。美人蕉適應性強，管理簡單。盆栽宜用大花盆，並要薄肥勤施，花才會開得更好。

鬱金香（*Tulipa gesneriona*）又名洋荷花、鬱香，屬百合科。植株低矮，開花整齊，花色嬌艷，為布置花壇、花徑的良好材料。也可用作切花、盆栽。

鬱金香的地下鱗莖呈圓卵形，外披皮膜，為褐色或赤褐色。花多為單瓣，有紅、橙、黃、白、紫等色，也有重瓣品種。

鬱金香原產歐洲和小亞細亞，新疆、西藏等地也有分布。極耐寒，喜疏鬆肥沃、排水良好的沙質壤土。夏季休眠，秋季栽植，冬季在土內生長，春季 3～4 月份開花。

鬱金香可用子球繁殖，培養 2～3 年後開花。也可用種子繁殖，需培養 4 年才能開花。

地栽和盆栽均可在 10 月下旬進行。地栽的株行距 14～16 公分，施足底肥，覆土深度 4 公分左右，溝深 15～20 公分，栽後澆水。在發芽開花前後，施 2～4 次薄肥。

6 月葉片枯黃時，將鱗片挖起，去掉泥土，陰乾後，貯藏於乾燥冷涼處。

常見花卉栽培

盆栽應選充實肥大的鱗莖，每盆淺栽 3～5 球，球頂與土面平齊。盆土乾時澆水，肥料要薄肥勤施。若放在溫室促成栽培，可提前在春節開花。方法是：選取生長充實的大球，在 7 月花芽發育完成後，置 5℃條件下冷藏 90～120 天再種植。生根完全後，置溫室中培養，約 2 個月開花。

花博士提示

　　鬱金香種球冷溫處理，一般家庭可將種球放在冰箱冷藏保鮮櫃中，用紙包裹即可。若用塑料袋，要注意經常打開敞氣，以防塑料袋內積水過多而使種球「生病」。

風信子（*Hyacinthus crientalis*）又名五彩水仙、洋水仙，屬百合科。其花五彩繽紛，清香宜人，用來布置花壇或作盆栽、切花，都很相宜。它和水仙一樣，可以水養欣賞，洋水仙的稱號，就是這樣得來的。

風信子的鱗莖呈球形，皮膜帶紫紅色或淡綠色。花有紅、白、黃、藍、紫、粉紅等色。其中的重瓣花品種，觀賞價值更高。花期 3～4 月份。

風信子原產南歐及小亞細亞一帶，荷蘭大量栽培。性喜溫暖潮濕的環境，不很耐寒。宜在排水良好的沙質壤土中栽培。

風信子主要用分球繁殖，子球培養 3 年可開花。而用種子繁殖，需 5～6 年以上才開花，多用於培育新品種。風信子產生子球不多，若要大量繁殖，可用人工促使它多發子球。方法是當鱗莖休眠階段，將鱗莖底部用小刀劃成十字形或米字形，埋藏在沙中 2～3 週，等切口癒合後，再栽培在培養土中。至夏末，舊鱗

莖乾枯，邊緣會產生許多小鱗莖，待小鱗莖長到直徑有 0.9 公分時，便可分離栽植。

風信子可採用地栽、盆栽或水養。地栽或配植花壇，可於 9～10 月份分球栽植，選疏鬆肥沃、排水良好的沙壤土，最好有腐熟的廄肥作底肥，栽植深度為 10～12 公分，球體大的可深至 18 公分，株行距 12～15 公分。盆栽時，用細土、粗沙和腐熟的堆肥配成培養土，每盆只栽大種球 1 個，小種球則栽 3～4 個。8～10 月份栽植時，覆土不宜過深，甚至可讓鱗莖頂端露出土面。

水養要選大而充實的鱗莖。一般用特製的玻璃瓶，瓶口呈杯狀，正好將球根穩妥地放在上面。或用普通的廣口瓶亦可。開始放在冷涼陰暗處，1 個月左右，基部發根，上部開始抽花莖後，便將瓶移至日光下，讓它開花。

地栽風信子發芽後，開始施薄肥，2 月下旬開花前，施肥宜勤，開花後再施肥 1～2 次，促使子球生長。盆栽要經常保持盆土濕潤，開花前後追肥。水養隔 3～4 天換水 1 次。

6～7 月份當葉片已半枯時，即將鱗莖挖起陰乾，貯藏於冷涼、乾燥通風處。

石蒜（*Lycoris radiata*）又名老鴉蒜、龍爪花，屬石蒜科多年生草本植物。地下鱗莖肥大，球形，鱗皮膜質，黑褐色或紫紅色。花鮮紅色或有白邊，花期 9～10 月份。

常見花卉栽培

石蒜喜陰濕環境，耐寒，露地越冬。在排水良好、肥沃疏鬆的沙質壤土或石灰質壤土上，生長較好。在自然界多野生於低山丘陵山坡林緣、路旁陰濕處及河岸邊。在園林中，可作林下地被花卉、花境叢植，或群植在山石間、林蔭道旁。因開花時無葉，以與其他耐陰草本植物配植為好。若與開黃色花的同屬植物忽地笑、開粉紅色花的同屬植物鹿蔥混植，更顯得斑斕絢麗，美不勝收。此外，還可以盆栽、水養和切花。

石蒜用鱗莖繁殖，春、秋兩季皆可進行。但鱗莖不可每年採挖，一般宜隔 4～5 年挖掘分栽 1 次。

石蒜鱗莖有毒，入藥有催吐、祛痰、解毒、消腫、止痛等功效。

仙客來（*Cydamen persicum*）花形奇特，別具一格，亭亭玉立，耀目爭輝，像兔子的耳朵，故又名兔子花，是深受國內外廣大人士歡迎的重要花卉。

仙客來屬櫻草科，原產希臘至敘利亞的沿地中海一帶，為多年生球莖植物。莖呈扁圓形或球形（通稱球根）。一年生球莖淡暗紅色，老球莖紫黑色，外被木栓質。在球莖底部密生許多纖細的鬚狀根。花有

2. 養花技術

白、桃紅、洋紅、玫瑰紅、紫紅等
色。花後 2～3 個月果實開始成熟。
種子大，暗褐色，每克約 100～120
粒，發芽率約 85%。根據花期及原
產地的不同，可分非洲仙客來、歐洲
仙客來、地中海仙客來、希臘仙客來
幾種。

　　仙客來栽培歷史悠久，園藝栽培
品種較多，常見的可分三類：

　　①大花平瓣系：花大型，花瓣平
伸全緣，花有白、紅、紫紅等色，有
重瓣品種，花瓣 6～9 枚，花蕾先端
尖。葉緣鋸齒較淺，不顯著。

　　②皺狀圓瓣系：花瓣極寬，扁形，瓣邊緣具多數缺刻及波狀
皺裂，花蕾頂為圓形，花色由白至紫紅色。葉緣鋸齒顯著。

　　③波狀尖瓣系：花瓣較狹，微尖，瓣端有細缺刻，微皺，多
達 7～8 枚，花蕾為尖形，花色由紅至紫紅色。葉邊緣鋸齒顯
著。

　　仙客來較耐寒，可忍受 0℃ 的低溫，秋季至春季為生長季
節，冬春為花期，夏季休眠。冬季適宜溫度為 10℃ 左右，空氣
濕度宜高，不宜過度通風。開花溫度不宜超過 18℃。夏季休眠
不宜超過 30℃，需要遮蔭，不宜用過強的陽光照射，並注意通
風，保持土壤乾燥和一定的濕度。要求富含有機質的疏鬆土壤，
pH 值在 5～6.5 之間。

　　仙客來通常用播種繁殖。播種期以 9 月上旬至 10 月中旬為
宜，這時播種，第二年春季分苗，對溫室冬季利用較為經濟。播

種用土以腐葉土 2 份、園土 1 份、細黃沙 1 份製成。點播於淺盆中，距離為 2 公分×2 公分，覆土厚度 0.5 公分左右。用浸水法吸透水，盆面蓋玻璃片。發芽最適溫度為 16～18℃，約經 40～60 天發芽。播種前用 50～60℃的溫水浸種 3～4 小時，或用常溫浸種 24 小時。發芽後去掉玻璃片，保持土壤疏鬆，供給充足的水分和光線，並注意通風。

在生出 3～5 片真葉時，可分栽在 3 個淺盆內。每盆一株，盆土用腐葉土 2 份、肥渣子土 1 份、黃沙 1 份配製而成。栽時應注意帶全根，小球頂略露出土面。栽後充分灌水，注意不能乾燥。到 4～5 月份有 10 多片葉子時，換盆定植在頭沖盆中，球頂要露出土面 2／3，注意室內適當通風，保持較高的空氣濕度，控制溫度在 18℃以下。如陽光強烈，宜適當遮蔭。

在夏季高溫乾燥、又有雷陣雨地區，要置於通風、冷涼又能遮雨的環境中，不使小球休眠。一般放在蔭棚內的高架上，蔭棚上加遮雨層，或在大樹蔭下並加設四面敞開的雨棚。為了防止小球休眠，可追施稀薄的磷肥。待氣溫下降，可施磷鉀肥，逐步增加陽光照射。溫度降至 15℃時，應轉入室內。12 月起陸續開花，1～2 月份為盛花期，5～6 月份老球開始落葉，7 月進入休眠，這時灌水應逐漸減少，並注意遮蔭通風避雨。

休眠球在 9 月初新芽開始萌動，這時又要進行一次換盆換土，新栽土壤不可過濕，以後逐漸增加灌水量。現蕾後要注意施磷鉀肥，施肥時不要弄髒葉片，不要淹沒球頂，以免造成腐爛。老球花期較遲，花朵數雖多，但較小。3～4 年以上的老球，生機漸衰，而且不易過夏，所以，4 年以上老球多拋棄掉。

仙客來現有栽培品種多為雜交後代，留種母株應選具有優良特徵而生長健壯的，置於陽光充足、通風良好處，要注意控制水

分，使盆土稍微乾燥。行自花授粉時，可在花開後 3～4 天輕叩花梗，即能達到幫助授粉的目的。若要異花授粉，應在開花時及時去雄套袋，過 3～4 天雌蕊成熟時再授粉。子房受精後，花梗彎曲下垂，應將花盆抬高，不使果實接觸地面。3 個月後果實成熟尖端開裂時，即帶花梗切取，放於通風乾燥處。

馬蹄蓮（*Zantedeschia aethiopica*）是天南星科的多年生草本花卉，具肥大的肉質根莖，株高可達 70 公分。馬蹄蓮原產南非，現世界各地都有栽培。它具有獨特的漏斗狀花，單花花期特別長，用作切花，經久不凋。又可用作室內冬、春觀葉植物，還可入藥。

馬蹄蓮喜肥沃疏鬆的微酸性（pH 值 5.5～7）土壤。一般用腐葉土 2 份、園土或渣子土各 1 份，加適量腐熟人糞尿配成培養土。它喜歡充足的水分及較大的空氣濕度，因此，生長期間要每天噴霧 1～2 次。要求施用含有氮、磷、鉀的完全肥料。它能耐陰，不耐寒。家庭室溫控制在 8℃ 以上，即不受凍害。

馬蹄蓮一般用分球法繁殖，即將根莖四周萌發的芽球取下，植於大盆內，每盆 7～10 個，培養一年，第二年即能開花。少數用播種繁殖，種子約需 1 年才能成熟，並要人工輔助授粉。

種子成熟後立即採下用淺盆播種，

常見花卉栽培

土壤要透氣，溫度穩定在 24～29℃之間，保持較高的濕度，注意遮蔭，1～2 星期可發芽。幼苗培養 1 年，第二年也能開花。

　　盆栽一般用中放盆，每盆栽 3 個球，生長期每半月追肥 1 次。11 月進溫室，4 月出溫室，5 月以後開花減少，植株逐漸黃萎。待最後一朵花開放後，可減少灌水，促使休眠。休眠期中，可選陰涼通風處，將盆側倒，盆口向北。休眠後，取出根莖，風乾，貯藏室內，也可不取，待秋種時再挖出，分球上盆。

　　小蒼蘭（*Freesia vefvacfa*）又名香雪蘭，原產非洲好望角，現各地均有栽培。為鳶尾科多年生草本，地下部有球莖。球莖卵形或圓錐形，外被纖維質皮膜。花有多種顏色，花期 2～4 月份，人工控制播種球莖，可催延花期。品種豐富，除香味濃郁的黃花變種和白花變種外，還有紅花種。

　　小蒼蘭多用分球法繁殖。先在溫室中整好苗床，施足底肥，然後剝取老球上分生的小球，開行排列，覆土 2 公分左右，生長期追肥 2～3 次。如遇花莖抽生，即行剪去，促使球莖長大，以備第二年盆栽用。也可用播種繁殖，種子在初夏成熟，可連同蒴果一起採下，乾藏在通風陰涼處，於 9～10 月份在溫室的淺盆內播種，覆土 2 公分左右。

　　小蒼蘭喜冷涼濕潤氣候，秋涼後開始生長發育，春季開花，入夏後休眠。

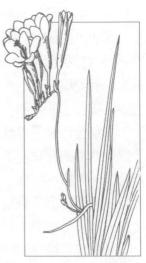

2.養花技術

長江中下游地區一般在 9～10 月份取乾藏的大球播入盆內，小盆 3 球，中盆 5～7 球，用排水良好、肥沃的培養土，覆土 2～3 公分，發芽後，勤追肥。小蒼蘭不耐寒，一般在 5～10℃的溫度下即可生長，生長期喜陽光充足，常置於溫室向陽面。宜加支柱紮縛。花後減少灌水，6～7 月份莖葉全部枯黃後，倒盆收取球莖，曬乾去泥，貯藏在陰涼通風乾燥處，待秋涼後播種。

番紅花（*Crocus sativus*）別名藏紅花、西紅花。葉叢纖細剛幼，花朵嬌柔優雅，花色多樣，有白、紫、橙等色。且具特異芳香，是點綴花壇和布置岩石園的好材料。盆栽番紅花，作為室內及房間內的觀賞植物，十分雅致。很容易水養觀賞，別具情趣。此外，柱頭及柱頭上部入藥，有活血化淤，消腫止痛、養血、通經等功效。歐洲民間用於治療哮喘、百日咳等症。它還是美容化妝品和香精製品的寶貴原料，市場價格昂貴。

番紅花為鳶尾科番紅花屬多年生草本，株高 15 公分。鱗莖扁球形，外被褐色膜質鱗葉。花 1～3 朵頂生；花被 6 片，倒卵圓形，淡紫色，花筒細管狀。蒴果長圓形，具三鈍棱。種子多數，球形。花期 10～11 月。

番紅花原產地中海一帶，後經印度傳入中國西藏，因此又稱藏紅花。短日照植物，喜光照充足、溫和、濕潤氣候。生長適溫為 15℃，開花適溫為 16～20℃，較耐寒，忌炎熱，怕強光直射和乾旱。宜肥沃、疏鬆和排水良好的腐葉土。球莖夏季休眠，秋季發根、萌葉。10 月下旬開花，花朵日開夜閉。

秋季栽植球莖，花期為 10 月下旬至 11 月中旬。有多種種植

常見花卉栽培

方式：

生產中常用地栽，首先將土壤翻耕整細，施足基肥。春花種在 8～10 月栽植，秋花種可提前到 6～7 月栽植，覆土 8～10 公分，適度澆水，保

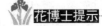

持土壤濕潤，以利生根。10 月開花，花後追肥 1 次，有利於球莖發育。一次栽植後可隔 3～4 年球莖擁擠時再挖出分栽。球莖貯藏於 17～23℃的乾燥室內通風處。

家庭養花常用盆栽，基質常用泥炭土、園土與沙混合配制，也可施用部分基肥，栽培基質應疏鬆、肥沃、排水良好，呈微酸性。通常盆徑為 9 公分的小盆，每盆種植周徑 9～10 公分球莖 3 頭；12 公分的中盆種植球莖 5 頭；16 公分的大盆種植球莖 8 頭。種植深度以淺覆球莖頂部為度。栽後保持盆土的正常濕度，置於室內常溫、涼爽、光照明亮處。一般周徑 9～10 公分的種球每球可開花 3～5 朵。春花種選用透過低溫處理的冷凍球進行促成栽培可提前開花。於 9～10 月間栽植球根，保持盆土濕潤，約 10 天生根，10 月下旬即能開花。

另外也可乾栽，即在秋天將大球放在容器中，用小石子固定，不澆水、不施肥，待氣溫降低後，番紅花可自行打破休眠開始生長。從萌芽至開花約需 50 天，花可開 10～15 天。此間不需要澆水，球莖也不會生根。花謝後剔去側芽，只留主芽，栽於露地進行培養，氣溫不低於-3℃，加強管理，來年仍可開花。

水培可與水養水仙一樣，將種球用卵石固定於盆內，經常換水，每天至少有 4 小時光照，植株生根發芽後能夠開花。

以分球繁殖為主。每個成熟的球莖都有幾個主芽與側芽，秋季萌發多叢葉片，花後葉叢基部膨大形成新的球莖，老球莖萎

2.養花技術

縮。8～9月間將新球莖挖出栽種，大球莖當年開花，小球莖需培育1年才能開花。播種繁殖，需培育3～4年才能開花。

常見病蟲害有：腐爛病，可用5%石灰水浸種30分鐘進行防治，若發現床面上種球腐爛，要及時地噴灑50%腐霉利可濕性粉劑2000倍液或75%百菌清800倍液，每7天噴1次，連續噴2～3次進行防治；菌核病，危害球莖和幼苗，貯藏球莖必須剔除受傷或有病球莖，以防球莖變質及病菌的感染和蔓延，並用20%敵力脫乳劑300倍液噴灑防治；蚜蟲，可用10%吡蟲啉可濕性粉劑1500倍液或煙參鹼類500倍液防治。此外還應注意防鼠害。

大岩桐（*Sinningin hybrida*）是典型的溫室花卉，常年在溫室度過，由春到秋開花不斷。花冠闊鐘形，大而美麗。

大岩桐為苦苣苔科多年生宿根草本，地下有扁球形塊莖，株高12～25公分。花色有白、粉紅、紅、紫、青等色，或白色帶邊。大岩桐原產巴西，常見栽培的都是多次雜交選育的園藝變種。

大岩桐在生長期要求溫度較高、濕潤及半陰的環境，一般以20～25℃為宜。同時要求空氣濕度較高，所以通風不宜過強，夏季必須加雙層簾遮蔭。澆水、施肥時注意不要觸及葉面及花蕾，以免引起腐爛及斑跡。球根在冬季休眠，保持5℃左右的環境即可安全越冬。

大岩桐的繁殖方法有播種、扦插及分球，以播種繁殖為主，只要溫度在18℃以上，常年都可播種，但以秋播（10～11月

份）為好。因它生長到次年 5～6 月份，塊莖植株都較大，花也多，而且種子貯藏時間短，發芽率高。如延至次年 3 月播種，8～9 月份也可開花，但植株較小而花少。種子細小，每克種子有 2.5～30 萬粒，約能成苗 5000～6000 株。

播種用土，用腐葉土 3 份、渣子土 1 份、黃沙 1 份配成，用細篩過篩後拌勻。播種盆底墊 3～7 公分厚塊狀湖土，以利排水。上面再鋪培養土，注意鋪平，然後將種子拌細土均勻撒播，可適當播稀點，這樣移苗方便，又可節省種子。播後輕輕鎮壓一下，不要覆土，將播種盆放在淺水中充分浸透，盆上蓋玻璃片，置半陰處，溫度在 20℃ 左右經 10～15 天即可出苗。

出苗後，去掉玻璃片，保持較高的空氣濕度，防止乾燥，注意適當通風，以免徒長。有 2 片真葉時，就可分栽於淺盆中，用土與播種相同，株行距 3 公分。

扦插苗較播種苗開花早，花數多，而且能保持品種特性。扦插最好在春季進行，當老球生出的新芽有 4～6 公分長時，只選留 1～2 芽，其餘的芽均可從基部掰下，淺插於黃沙床中，保持較高的空氣濕度及 25℃ 左右的溫度，約 10 天左右即可生根分栽，非常簡便。還可用葉插法，即將健康成熟的葉子剪下，帶一段葉柄或全部葉柄，斜插、淺插於黃沙中，保持溫度 25℃，適當遮蔭，不久葉柄基部切口處即愈合生根，形成一小球莖，即可上盆栽植。

播種苗生有 4～5 片葉時，扦插苗生根後，即栽入頭沖盆中，培養土以微酸性（pH 值 5～6.5）為宜，可用腐葉土 2 份、廄肥土或肥渣子土 7 份混合而成。移栽時，不要栽得太深，太深容易引起腐爛或生長不良。栽後溫度保持在 20℃，空氣濕度要大，澆水要少。恢復生長之後，可增加澆水量，溫度可降低到 18℃。開花前，溫度逐漸降到 15～18℃，這樣可使開花期延長。澆水時，不要把水點濺在葉面或花蕾上。

　　大岩桐為半陰性植物，生長期要適當遮蔭，光線太強生長緩慢，但不同的生長期對光線有不同的要求，冬季幼苗期每天補充 8 小時光照，每平方公尺可用 100～150 瓦燈泡，開花時光線太強會使花期縮短，花後光線稍強有利於種子的成熟及球莖的發育。因此，不同生長期要用不同密度的簾子遮蔭。

　　可用腐熟的人糞尿、餅肥及魚雜肥進行追肥，每 10 天左右 1 次，切忌污染花葉。花期澆水量要充足，花後宜逐漸減少。要加強通風，讓它自然休眠。

　　休眠球可原盆放於溫室內，或挖起埋入沙內，貯藏在低溫溫室中。若需要催芽，可上盆淺栽，提高溫度至 22℃ 左右，1 週左右即可萌動，再逐步加大澆水量，3～4 個月即可開花。

　　大岩桐為異花授粉植物，要注意進行人工輔助授粉，並有目的地進行雜交，培育新品種。大岩桐莖短葉大，覆於盆口，花梗較長，伸出葉上，花色明麗，花期特長，又耐半陰，管理簡便，是適宜家庭室內盆栽的花卉。

宿根花卉

菊花

自古以來，菊花深受我國人民的喜愛，它不僅有豐富多彩的花色，而且有奇特清雅的花姿，或飄若浮雲，或嬌若龍飛鳳舞，奇態萬千。

菊花（*Chrysanthemum morifolium*）為菊科菊屬，是一種相當耐寒的宿根草本植物，其地上部分的枝葉在開花後便逐漸凋枯，僅剩地下根部進入休眠越冬，到次春又從根旁發出新芽生長。菊花株高約在 40～100 公尺之間，因品種和生長情況而不同。經過千百年的人工栽培和自然演變，產生了千姿百態、絢麗多彩的不同品種。按花型分成以下 14 類：

（1）**單輪類**：舌狀花冠特別寬，瓣寬在 3 公分以上；花瓣數目少，一般在 20 枚上下；瓣形先端圓形，花瓣（即舌狀花冠）只著生 1～2 輪；花心（筒狀花冠）完全暴露，為大花品種。如十八瓣。

（2）**松針類**：舌狀花細長直立，管瓣長短一致，排列整齊，不露心，像松樹上成簇的針葉，因而得名。如白松針、粉松針。

（3）**反捲類**：舌狀花冠寬平，排列比較整齊，順序重疊向外反捲，全花略呈球形，花心不露。

（4）荷花類：花輪數目在2輪以上的半重瓣或近重瓣的大、中型花，花瓣寬厚，排列整齊，向心微捲，花心低平，露心或半露心，外形似荷花。如綠荷、墨荷。

（5）蓮座類：與荷花類的區別是花瓣重疊，向內緊抱，不露心，花形整齊，心高，整個花型近圓形，如璽玉滿頭。

（6）托桂類：花瓣平伸，排列整齊，層數一定，筒狀花冠呈短瓣凸起，不露心，黃色居多，好似圓盤托著的桂花。如芙蓉托桂、金盤托桂、銀盤托桂。

（7）飛舞類：花瓣長短不一，排列無一定方向，無一定順序，上下左右很不整齊，花心不露，因參差多姿、似龍飛鳳舞而得名。如飛燕新妝、綠雲。

（8）舞桂類：外瓣似飛舞類，內瓣（中央的短瓣）又與托桂類相似。如丹桂飄香。

（9）舞蓮類：外圍花瓣不很整齊，近似飛舞類，而中央花瓣抱合，又與蓮座類相似。如田家樂。

（10）毛菊類：花瓣的表面和邊緣有刺毛，花型不分大小。如白毛菊、黃毛菊。

（11）千手類：外圍花瓣變成匙瓣，瓣端有數個突起，形狀像手指，整個花型像千手伸展一樣。

（12）圓球類：花型整齊，渾然如球，多為中型花，外圍花瓣狹平，中央花瓣向上直立，不露心。如白玉球。

常見花卉栽培

（13）**雜品類**：凡大、中型的花類，不能分屬上述各類的，均屬這一類。它花型不一，甚至兼有兩類以上的花型，如剪絨花型。

（14）**滿天星類**：花朵很小，花瓣短密，平瓣較多，顏色在一花序中為純色，花姿變化不多，小枝節短，分枝多，花朵繁密，似星斗滿天。約有 100 多種。

菊花的栽培管理比較複雜，分述如下：

1.配製盆栽土

盆栽菊花的土壤，要求土質疏鬆，腐殖質豐富。長江中下游地區一般都是採用一年前準備好的培養土，用時再加 1～2 成園土拌勻即可。露地栽培應選擇高燥向陽、肥沃疏鬆的中性土壤。

菊花最忌連年栽在原地或使用栽過菊花的老盆土，因為連作會導致土壤理化性質的惡化，對菊花生長不利。所以，每年都要準備一次培養土。

2.母本留種

為了有計劃地發展不同的菊花品種，並保留多樣的品種，在開花期就要一一查清品種，並詳細記錄，造冊編號。於 11 月中旬選向陽背風的高燥地，作畦深栽（比原土球約深 3 公分以上），隨即澆灌定根水，栽後 3～4 天施 1 次液肥，並鋪蓋糠灰，剪去地上部花枝和老幹。若冬天乾旱，要注意及時澆水。來年 3 月可扒開糠灰，進行中耕除草，施肥 2～3 次，以促進萌發新芽。4 月初，摘去正頭，每周施腐熟糞水 1 次，可促使萌芽數

多而健壯。通常每個品種留種 3 株。

3. 繁 殖

菊花的繁殖方法有扦插、分株、嫁接、播種等，武漢地區以扦插為主。

菊花扦插，4 月上旬清明後即可開始，分期分批，一直可扦插到 7 月上旬，一般矮性種早插，高性種遲插。插穗要選擇健壯母本萌發的嫩枝，在頂端長約 3 公分處剪下，去掉下面葉片，基部用利刀削平。插壤用 4 份粗沙、3 份粗糠、3 份園土混合而成。插時株距 3 公分，行距 4 公分，先用竹籤插 1 個小洞，然後將插穗插入土中 1 公分許，隨插隨用手指壓實。這種方法的要領可歸納為 6 個字，即「嫩枝、短穗、淺插」。

插後立即噴水，搞好遮蔭設施。以後要保持濕潤，在沒有生根以前，應用噴壺勤噴水，溫度高時每天要用噴霧器向葉面噴水 2～3 次；生根以後，澆水可適當減少。扦插後，大約 3～4 週可生根，生根後即可分栽上盆。

4. 上盆定植

選擇晴天或陰天進行，切忌雨天定植。扦插苗可直接移植到中放盆內，移植時即摘心 1 次。要注意盆底排水，盆底墊粗粒土，上面再填培養土，填土厚達盆高的 4／5，不要填滿，以便澆水。定植後，要勤除雜草，保持盆面土壤疏鬆。為了便於管理，各個品種要插牌，分類放壙。

5. 水肥管理

菊花剛上盆時，要少澆水，成活

後，視土壤乾濕程度和天氣情況澆水，乾時澆，濕時不澆，晴天多澆，陰天少澆，最好採用噴灌。夏天宜清晨澆水，中午炎熱切不可澆。如果天氣過分乾燥，傍晚只能噴霧，把全株稍微潤濕一下即可，不宜澆水過多，以免引起徒長。施肥要注意適量，一般每半月施稀薄人糞液肥1次，高溫或過分乾燥時不宜施肥。平時澆水可

稍加一些液肥。9月初菊花孕蕾時，長江中下游地區的作法是換盆1次，以抑制徒長，促進花蕾發育。換盆時，除去部分宿土，添些肥土，此後可逐步增加肥料的濃度，3～5天施濃肥1次，促使花蕾迅速膨大。但綠菊孕蕾期不要追肥，更要避免施用磷素肥料。不同品種需肥量也不一樣，如蓮座類，舞蓮類需肥量比較多，而單平瓣類品種需肥量則較少。肥料以經過充分發酵的年前的人糞尿最好。施肥時，切勿沾染菊葉，以防葉焦枯落。

6. 摘心、抹芽、除蕾

摘心的主要目的是為了達到預定的開花頭數，同時也可以防止植株生長過高、腳葉脫落，有損觀賞價值。一般標本菊摘心3～4次，大立菊摘心5～6次，懸崖菊要不斷摘心。植株較高的摘心次數多，生長緩慢的摘心次數可減少。摘心要適時，一般在5片葉子時，即摘去頂端3枚嫩葉，過遲莖幹木質化，摘心分叉處容易裂斷倒伏。立秋後，必須停止摘心。停止摘心後，還會發芽抽梢，在新枝的葉腋間不斷萌發新芽，這些新芽新梢要隨時抹掉。菊花在正常情況下，9月下旬至10月上旬陸續出現花蕾，這時除滿天星以外，每枝只選留頂端一個健壯的花蕾，其餘全部

2. 養花技術

摘除，使養分集中到頂端開一朵大花。

7.防治病蟲

為害菊花的害蟲較多，幼苗期有地老虎、金龜子幼蟲為害根部，土壤中發現可施 5%辛硫磷顆粒劑或灌 50%辛硫磷乳油；花盆內可噴澆 50%辛硫磷乳油 800 倍液或 5%銳勁特懸浮劑 500 倍液。夏秋兩季有蚜蟲、紅蜘蛛為害，可用煙葉泡水或用 800 倍煙參鹼液噴殺。

菊花常發生黑斑病，注意及時摘除並燒毀病葉，並選用 50%多菌靈可濕性粉劑 500 倍液或 75%百菌清可濕性粉劑 500～800 倍液噴霧，每隔 7～10 天噴灑 1 次，連續 3～4 次。

現將幾種整形菊花的培養方法，分別介紹於下：

（1）立菊：立菊的特點是株大花多，栽培時間長，要一整年的培養過程，一株可開出幾百朵甚至一千多朵花。培養大立菊，要選擇生長快、分枝多、枝條細軟的中菊或大菊品種，如金背大紅、綠衣紅裳等。立菊一般用分芽法繁殖，在 11 月下旬，當選留的母株開花後，將花莖剪掉，除去病蟲（最好用波爾多液消毒 1 次），然後用混合了糠灰的土培在根際，待嫩芽露出土面後，就可選優良壯芽與母株切離，用肥沃的培養土栽在中放盆內，放在溫暖向陽處。

此後常施用稀薄液肥，以促進生長。在最嚴寒的 1 月，可移放在溫室內，這樣菊苗在冬季就開始生長。當長到 6～7 片葉時摘心，以後可生出 4～5 個新芽，當這些新芽長出 5～6 片葉時進行第二次摘心。到春季 3 月溫暖的時候，應將菊苗移

常見花卉栽培

至室外，栽培在施有充足底肥的露
地。

菊苗移至露地後，溫度、光照適
宜，生長十分迅速，這時需加強水肥
管理，每週可施稀薄人糞尿1次。此
後隨著菊苗的生長不斷摘心，直到8
月立秋前後停止，共約摘心5～6
次。摘心時，先從中間長得快的摘
起，然後再摘周邊的。在摘心的同
時，還要用細竹設支柱，將菊枝縛上，逐漸引誘枝條向四方均勻
生長。最後一次摘心，要注意「找齊」，這樣以後開花才整齊。

立秋後，天氣逐漸轉涼，日照縮短，這時菊花開始形成花
蕾，需肥更多，每3～5天施肥1次，肥料要逐漸加濃，最濃時
達到肥水各半，直到開花為止。10月上旬，枝上會發生很多小
蕾，要經常摘除，每枝只留頂端的1個蕾。同時，為了布置展覽
的需要，可以起土上盆或上缸。花蕾露色後進行整形，一般有圓
球形、平頭形等，有時也可扎成圖案或文字形象，綁架材料用細
竹片和鐵絲。

（2）**懸崖菊**：採用特殊的整枝方法，把菊花培養成懸垂
姿態，稱為懸崖菊。用懸崖菊布置山水庭園的岩旁、石側、水
邊，可以收到自然美景之效。培養懸崖菊必須選擇生長迅速、分
枝多、枝條細軟的滿天星類單瓣小菊品種。它的繁殖方法和大立
菊一樣，要在11月菊花開花時，採用分芽法繁殖。一株大的懸
崖菊要整整培養一年之久。

將11月採下的腳芽，分栽在填好了培養土的中放盆內，開
始放在露地避風向陽處，任其向上生長，不要摘心。到1月份最

2. 養花技術

低氣溫降至 5℃ 以下時，移到溫室內，注意水肥管理，使在冬季能長到 30 公分高，並有側芽發生。3 月份可出房，以 1 公尺的株距，兩面互相交錯地栽種在事先作好的畦床裡。這時就要開始搭支架，把寬 2～3 公分、長 2 公尺左右的竹片插入菊株基部，竹片的另一端彎曲向下插到畦床中間。支架插好後，將菊苗從高 20～25 公分處打彎，綁紮在竹片上，以後菊枝先端每長 6～15 公分，就沿竹片向前誘引。菊株側枝長出後，留 1～2 個健壯的側枝，與主枝同時向前誘引，不要摘心。其他枝條長至 5 片葉時，留 2～3 葉摘心 1 次。摘心一般從 5 月上旬開始，5 月份進行 2 次，以後每 10 天 1 次，伏天每週 1 次，最後幾次注意「找齊」，9 月底進行最後一次摘心。此後每週施液肥 1 次，很快就會形成花蕾；到 10 月中含苞欲放之際，停止施肥。花朵現色即可上盆，上盆後，先放在蔭棚下，以恢復元氣。開花時，可入室陳列或展覽，花期可達 1 個多月。

懸崖菊的繁殖，從當年 11 月開始，至次年 6 月都可進行，扦插晚的植株短小，4 月扦插的可長到 1 公尺長。過去評價懸崖菊的觀賞價值，以植株愈長的愈為上品，那是要付出 1 年的辛勤勞動的。今後如果改變方式，以 4 月扦插苗來培養小懸崖菊，可以減少半年的勞動，未嘗不可。

（3）獨本菊：獨本菊每盆栽植 1 株，只培養 1 朵頂花。由於營養集中，生長健旺，花的直徑可達 20～25 公分，長瓣垂直可達到 30 公分。

培養獨本菊一般在 4～5 月份扦插，約 3 週後生根，移植到頭沖盆內，這時盆小，要注意澆水量，過濕則傷根，過乾易焦葉。待長到 10～20 公分時，可由摘心控制母株長高，促使根部誘發新芽。在摘心的同時，應將基部老葉摘除，使之通風透光，

還應將母株萌發的側芽隨時抹除，以促使根部新芽出土發育。若母株長勢不旺，可酌施速效肥料催芽。如果新芽數量較多，要隨時將離母株基部較近的剔除，只留 2～3 個壯芽，準備最後選定。7 月中旬，新芽漸次長成新株，在新株高 10 公分時選定 1 株，並換至中放盆。盆土要用經過堆積的培養土，並摻入 0.5% 的過磷酸鈣。換盆時，要連土塊一起移入新盆內。到 8 月上旬末新株成型後，剪去母株，適時鬆土，並填加三成培養土。這時盆裡有八成滿的肥土，水肥充足，莖杆迅速長粗長高，葉片向上逐層增大，到 9 月中旬發育定型。為了保證開花旺盛，以後每半月用 0.1% 的尿素追肥 1 次，每 3～4 天用 0.05% 的尿素根外追肥 1 次，花蕾透色時停止施肥。

（4）**接本菊**：就是由嫁接，使 1 株上開出多種顏色多個品種的菊花。砧木採用野生菊科植物黃蒿（Antemisia annua）或齊艾，在頭年秋冬，挖取黃蒿小苗栽在盆內，置於溫室，注意水肥管理，使在冬季繼續生長，至次春 3 月斷霜後出房，下地栽培。下地時要挖大穴，施足底肥，注意不要觸斷頂芽。到 4 月份即可開始嫁接菊芽。隨著黃蒿不斷向上生長，不斷地嫁接菊芽，到 7 月底嫁接最後一批停止。

嫁接時，自下而上地先將黃蒿基部的 2～3 輪枝留約 30 公分長去頂，並剝去下部葉片，然後套進 1 個 3 公分長，取自於大薊或小薊（一種野生菊科植物）的空心莖。一般每株黃蒿只留 7～8 個枝條，上面打頂，每枝接一穗。接穗要注意選擇品種、花型、花期一致的種類，隨接隨採，剪取帶頂芽的、長約 5 公分左右的一段，下端削成楔形，削面約 1 公分長。砧木從中切開，切口深度亦為 1 公分，接穗插入後，隨即將小薊莖管向上套住即成。成活後，小薊管亦自然乾枯、脫落。

蘭花 （ *Cymbidium sp.* ）是具有特色的花卉之一，中國已有 2000 多年的栽培歷史。

蘭花屬於蘭科蘭草屬。蘭科植物種類繁多，約有 200 種以上。依其生態習性可分為 3 大類：

熱帶蘭花：又稱附生蘭，多附生在其他物體上，大多數分布在熱帶地區，花形奇特，色彩艷麗，但無香氣。常見的有大花蕙蘭、蝴蝶蘭、石斛蘭、卡特蘭、兜蘭等。

地生蘭花：生長在土壤中，主要分布在長江流域各省及雲貴川山區。它分布廣，品種多，花期參差不齊，四季開放，具有獨特的芳香，中國原產的有 40 多種。

腐生蘭花：生長在腐爛的植物體上，自己沒有葉綠素，不能製造有機物，所以不能獨立生活，可作藥用，如天麻。

下面主要介紹地生蘭花的栽培管理，根據它們開花期的不同，可分為：

1. 春蘭（草蘭）

花期 3 月上旬。根肉質，白色，似鱗莖，也稱假鱗莖，小而密集，呈小球形。葉堅韌，線形，邊緣有細鋸齒，長約 20～25 公分，每 4～6 片一叢，葉緣明顯。花苞蕾在隔年夏季形成，8 月中下旬出土後，停止生長。春分前後，花

莖自葉叢抽出，外披淡白色的膜質苞片數枚，頂端著生一花，黃綠色，香氣清幽。由於長期人工栽培，春蘭有不少名貴品種，如綠雲、大富貴、宋梅、玉梅素等。春蘭與春蘭的品種常因外瓣裝花萼裂的變異形態分為5個類型：

（1）梅瓣：花萼先端圓而帶肉質，花梗部分稍狹窄。內花瓣短而起兜，有時兩瓣相連或併在一起，並微現白邊。唇瓣直伸，隱藏在花瓣內或略伸出。

（2）水仙瓣：花萼中部寬，萼先端略尖或呈圓形。花內瓣短而起兜。唇瓣稍外伸而微向下捲。棒心更厚，長形或圓形。

（3）荷花瓣：花萼的長寬幾乎相等，萼先端圓而寬並起兜，此種極珍貴。常見的荷花瓣花萼較長，萼片厚而帶肉質。花瓣橢圓形，稍分離，唇瓣大而下垂，常向內捲。

（4）蝴蝶瓣：向上伸的花萼向前撲倒，兩側生的花萼一半呈白色，上有紫紅斑點，微向後翻捲。唇瓣大而捲，上有紫紅點。

（5）素心瓣：以上4種類型，唇瓣都有紫紅斑點。凡唇瓣無紫紅斑點，而為純白色、淡黃色或白綠色，花萼花瓣為翠綠色的都屬素心瓣，也叫素心蘭。

春蘭花色變異很大，一般為翠綠色，偶爾也發現有白色、金黃色或紫色的品種，花形也多變化。另有川蘭，為春蘭的1個變種。每梗有2～3朵花，花型大，色彩豐富，有白色、黃綠、粉紅、紫色等，苞片呈玫瑰色而又帶濃綠。花期3月中旬左右，有清香。

2.蕙 蘭

又名夏蘭、九節蘭，花期較春蘭遲，在4～5月份開花10天左右。根肉質，淡黃色，似鱗莖，卵形，集生。葉線形，長短差

2.養花技術

別大，約為 25～70 公分，每叢有
5～13 枚葉片，質堅韌，有厚薄之
分，比春蘭直立，且粗大，葉緣有
明顯鋸齒，有光澤。總狀花序，著
花 5～10 朵，花淡黃色，唇瓣綠白
色，具有紅紫斑點，香味甚濃。在
湖北分布廣，數量多，品種尚待調
查。它的品種，主要依據苞葉片的
色澤分為 5 類：

（1）**赤殼類**：花蕾外面的
苞葉為褐紅色，並呈現許多紅色的條紋。

（2）**綠殼類**：花蕾外面的苞葉為綠色，條紋由基部直達
頂部，也呈綠色。

（3）**赤綠殼類**：這類苞葉綠色，稍帶粉紅，呈赤綠色，
有許多條紋。

（4）**蝴蝶類**：這類花型與春蘭的蝴蝶類相仿，苞葉亦為
赤綠殼，也叫赤綠蝴蝶類。

以上 4 類的唇瓣上都有紅小點。

（5）**素心蘭**：同春蘭一樣，凡唇瓣上無紅點的叫素心
蘭。

3.建　蘭

又名秋蘭。葉線狀披針形，多直立，葉緣光滑，葉有寬狹長
短之分，葉色有黃綠或暗綠之分，有的品種帶光澤。總狀花序，
著花 6～12 朵，黃綠色至淡黃褐色，有暗紫條紋，唇瓣帶黃綠
色，有紫褐斑，香味因品種有濃有淡。花期大多有 2 次：第一次
在 7 月下旬至 8 月上旬左右，花較多，每花梗 8～10 朵；第二次

常見花卉栽培

在 10 月上旬，花少，每花梗僅 2～4 朵，香味也清淡。建蘭品種多，栽培也容易著花。目前武漢已有 20 多個品種，其素心種較其他蘭花易於發現，武漢建蘭品種有一半以上是素心的，如大頭素、大鳳尾素、小鳳尾素、龍眼素、小葉素、鐵骨素、馬耳素、金絲鳳尾素等。建蘭原產閩、粵、蜀、滇、鄂等省，在長江中下游地區為溫室越冬，冬季要求夜間溫度不低於 5～12℃。

4.墨　蘭

又名報歲蘭，花期在冬季至次年早春。葉線狀披針形，寬達 3 公分，長 40～80 公分，先端尖，直立。花莖高達 60 公分，著花 5～10 朵，色較深，多紫褐色條斑，芳香，味較淡。分布粵、閩等省山區，夜間溫度要求不低於 8℃。在武漢為溫室越冬，已有品種 10 個左右，如徽州墨，軟劍白墨、秋榜、鸚鵡榜墨、報歲蘭等。

蘭花的生態環境大多在傾斜的山坡，有岩石而土層又較深厚的地方。其表土含腐殖質豐富，呈黑色或黑褐色，疏鬆肥沃，透水和保水性能良好，土壤 pH 值在 5.5～6.5 之間。蘭根分布在表土中層，多成叢生長。在自然分布中，每天日照時間不長。春蘭在山陰面葉長而花朵少，在山陽面

2. 養花技術

則葉短而花多。夏蘭多在山陰面。秋蘭多產於朝南多霧、空氣濕度大的山谷裡的大岩石層下。蘭花對氣溫、濕度、日照、通風等自然條件的要求，隨著種類的不同而各異。盆栽蘭花，就要注意這點。蘭花每年發新葉、新根1次，生長緩慢。從整個生長勢來看，夏蘭最弱，春蘭次之，建蘭、墨蘭生長勢最強。

蘭花的繁殖以分根為主。新從山上挖來的蘭花，也要分根上盆。

1. 分根上盆

早春開花的種類，在9月以後分根；夏秋開花的種類，在3～4月份分根。新從山上挖來的蘭花，多在早春分根，因為當時氣溫低，又有花莖，便於辨認品種，同時也可根據葉子的長短、直立或半垂，葉色濃綠或黃等，分別上盆，以便在日常管理時區別對待。

分根應選繁茂的母株，春蘭要有4～5筒以上、夏蘭要有8～9筒以上。一般每隔3年分根1次，生長不良的應延遲分根。

選定母株後，應停止澆水，使盆土變乾，根變軟，再將植株從盆中輕輕翻出，抖掉泥土，剪除腐敗的根、老葉及鞘狀葉，切不可碰傷嫩芽。修剪後，用清水將根洗淨，放在陰涼處，待根色發白呈乾燥狀態時，即可分根。找出兩假鱗莖相距較寬（俗稱「馬路」）的地方，用利剪剪開，剪口處塗以木炭粉或草木灰，防止腐爛。剪開的兩部分都應有新芽。如果

老根過多，可剪去一部分，以利根的發育。

根剪開後，應隨即上盆。一般栽植蘭花用特製的紫砂盆（盆底多孔），如根系太差，應改用瓦盆。春蘭、夏蘭用小中號盆，秋蘭、冬蘭用大盆或槽盆。盆底蓋幾塊瓦片，瓦片相間重疊，使成圓錐形，以利排水，高約 6～7 公分。瓦片上放粗粒湖土，如為珍貴品種，改用木炭代替，約占盆土的 1／4～1／3，上面再加配製的蘭花土。盆土要填成饅頭形，填實，不能填得太滿。栽植時，根要分布均勻，新根向外，用細土填至盆口約 2～3 公分處，同時將植株略往上提，以舒展根系，並用手指將盆土從四邊扒向根際，壓緊填實，使中心略高，最後在盆面覆蓋翠雲草。上盆後，立即澆透水，注意從盆邊澆，不能當頭淋。

上盆後，要在蔭棚裡放置 15～30 天，勿使陽光照射，這樣易於發根成活。成活後，即可移至室外蘭花棚下。

所謂蘭花土是指山中挖來的黑褐色的酸性腐葉土，含有豐富的有機質，呈團粒結構，顆粒狀，能保水吸肥。如沒有蘭花土，可用湖土代替，但一定要將粉末篩去，並加入 1／4 腐熟的廄肥土。

2.管　理

蘭花生長需要一定的立地條件。場地必須清潔，要避開粉塵及其他有害氣體的侵害。最好選西南有遮蔽物（如大樹）的地方，這樣可避免午間強烈日光照射，早晨可以得到一些東西的側光。場地的道路，最好鋪煤渣及水泥漏空板，這樣可增加空氣濕度，保持清潔。

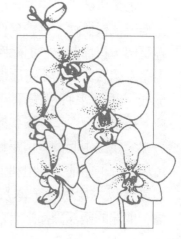

蘭花春、夏、秋三季都在室外，又喜陰，因此必須加蓋葦簾。葦簾通常有疏密兩種，春季用疏的，夏秋用密的（或蓋雙簾）。其中春蘭最喜陰，一般放在蔭棚的東南面，每天早晨可曬2小時太陽；夏蘭較喜燥，春季可曬半天太陽，應放在蔭棚西面。夏季蔭棚開口應向東北，使場地只有散射光，並注意通風。葦簾應是活動的，白天蔭蔽，夜晚揭去，可接露水。冬季要進溫室，不可直接用柴、煤加溫，並注意室內通風及日照。家庭養蘭花，白天放室內近窗處，晚上可搬至陽臺接露水。

蘭花為肉質根，澆水不宜多，要偏乾一些。澆水以泉水、雨水最好，河水次之，自來水要貯放幾天後再用。最好用細嘴噴壺噴水，把整株噴濕。澆水時間，夏季最好在早晚，冬季在中午。夏季乾燥高溫，日間要進行噴霧。

蘭花施肥要根據生長情況決定。生長茂盛而又無病的，才可以施肥。新從山上挖來的蘭花，切忌施肥，要經過1～2年的培育，等新根生長旺盛時才可以施肥。一般用草木灰4份、豆餅10份、骨粉6份混合拌勻，放於缸內，分幾次加水，待豆餅浸漲後，即可施用。也可施顆粒肥料。一般於6月初和6月底各施1次。

注意在高溫多雨、氣候潮濕、通風透光差、盆土過濕、氮肥過量等條件下蘭花易發生炭疽病，少量病斑可以剪除或用蘸有70%酒精的棉球擦洗病部，嚴重發生時則用噴灑50%炭疽福美可濕性粉劑500倍液。

江南雨水多，特別是梅雨季節，雨水更多，蘭花場地應採用屋脊式雨篷遮雨。

蘭花一般都是擺在1公尺高的架上，既利於通風，又便於觀賞。

常見花卉栽培

芍藥（*Paeonia lactiflora*）是中國傳統的名貴花卉，至少有 3000 年以上的栽培歷史。它枝葉繁茂，栽培甚易，花色鮮艷，是裝點園林的好材料。芍藥還適宜做盆花、切花，它的白色品種是有名的貴重中藥材「白芍」。

芍藥一名夢春或殿春，意即芍藥是春季最晚開花的植物。因此，宋蘇軾有「多謝花工憐寂寞，尚留芍藥殿春風」的詩句。

芍藥是毛茛科宿根草本花卉，株高可達 1 公尺。花期在春夏之交 4 月下旬至 5 月中旬，比牡丹開花晚，花期長。花大，直徑可達 12～15 公分，花有白、粉白、粉紅、紫紅、墨紅等色，著生在頂端及近頂端葉腋處，花有單瓣、重瓣之分。

芍藥適宜栽植在日照充足、土層深厚、排水良好的地方，低窪處不宜栽植；喜歡含有機質豐富的肥沃土壤，不耐鹽鹼。其根肉質、粗肥，可作藥用。

芍藥一般採用分株法繁殖，宜在秋季 10～11 月份、芍藥根長 15～20 公分時進行。分株時，注意深挖，少傷根部。挖出後，將根部土壤抖落，依自然裂縫劈開，每簇帶 3～5 個芽。賞花品種每 6～7 年分株 1 次，藥用栽培 3～5 年 1 次。芍藥種植穴宜深，要挖到 30 公分以上，每穴施以腐熟濃糞液 2～2.5 千克，糞上覆土，然後栽

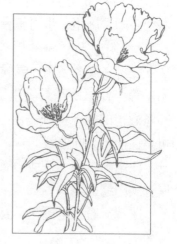

2. 養花技術

植，芽上培土 7 公分以上。

芍藥管理簡易，主要在 3 月發芽前施 1 次人糞肥，開花期間宜多澆水，但也不可過於潮濕。5 月花謝後，應速剪去殘花，以免結籽耗費養料。花後再施 1 次肥。如果為了藥用栽培，就不能讓它開花，在花蕾時即全部剪去，使養分集中在根部。

芍藥在長江中下游地區栽培時，夏日多不耐強烈的直射陽光，易發生日灼焦葉現象。布置庭園可以間作套種在喬木下，以減少直射陽光的灼傷。

萱草（*Hemerocallis fulva*）屬百合科，分布於中歐至東亞。地下部有短根莖及肉質根。花 6～12 朵組成圓錐狀花序；花冠橙紅色，種子黑色，有光澤。常見栽培的大花萱草，為萱草的多倍體品種，花大而美麗，花色有黃色、橙色、大紅、紫紅和各種斑紋，甚美麗。

黃花菜與萱草同屬，花莖高 70～80 公分，花黃色，既有觀賞價值，又可供食用，營養價值較高。武漢地區栽培黃花菜，6 月份可採摘花蕾，花期長達 1～2 個月。

萱草用分株法繁殖，其株叢生長迅速，每隔 3～4 年可掘起分株 1 次，如果長期不分，花愈開愈少愈小。用播種法繁殖亦可，可在秋季播於露地。萱草以栽在肥沃的黏質壤

土中最為合適，也能在乾燥貧瘠的土壤中生長。可以用它成片地布置花壇，或配植自然式花徑。

玉簪（*Hosta plantaginea*）屬百合科，原產中國及日本，為多年生宿根草本。總狀花序，有花 9～15 朵。花白色，有芳香，朝開暮謝。根粗，白色。種子黑色，頂端有翅。

玉簪性強健，特喜陰濕，耐寒，宜栽培於濕潤的沙質壤土上。

玉簪通常用分株法繁殖，4～5 月或 10～11 月均可分株。分株栽植後，澆水不必太多，以免爛根。

玉簪的花、葉均有觀賞價值，開花期可以觀賞，花謝後仍能觀葉。庭園中可用以配植在建築物的北面，或樹蔭下，或岩石園中。以其鮮綠的葉片，襯托出潔白如玉的花朵，夏日裝飾室內，使人頓感格外清涼，花香襲人。肥大的根可以入藥。葉、花也能入藥，潔白的花朵還能食用。

蜀葵（*Althaea rosea*）屬於錦葵科，原產中國，四川發現最早，故稱蜀葵。為多年生草本，株高可達 3 公尺，莖直立，全株各部都有短柔毛。花大色艷，有紅、紫、粉紅、黃、乳黃、白、黑紫等色，花

直徑達 8～12 公分。花期 6～9 月份。中國古時稱為龍船花，就是因為它在農曆 5 月端午節開花而得名。

蜀葵性強健，耐寒，喜陰，不擇土壤，但在土層深厚、肥沃疏鬆的土壤中生長更好。蜀葵用種子繁殖，春、秋播種均可。一般多在 8～9 月份種子成熟後，播於露地苗床。幼苗出現 1～2 片真葉時，進行一次移植。移植時可剪去部分直根。翌春定植，株距 1 公尺。開花前，中耕除草 1～2 次，並適當追肥。開花後，種子自下而上逐漸成熟，應隨時採收。

蜀葵全身是寶，根、莖、葉、花、種子均可入藥。花瓣可用作飲料和點心的染色劑。嫩苗可食。杆可製麻，是良好的纖維植物。

蜀葵在園林中可以布置花徑，也可以種在屋旁、牆邊、路側、水旁等處。一年種下可以連續開花多年，但時間過長，花朵就會變小，最好 3～5 年分栽 1 次。

荷包牡丹（*Dicentra spectabilis*）又名兔兒牡丹，為紫菫科荷包牡丹屬多年生草本。株高 30～60 公分。總狀花序頂生，花鮮紅色（也有粉紅色的），花期 4～5 月份。

荷包牡丹性耐寒，不耐夏季高溫，喜

陰濕和含腐殖質、疏鬆、適度肥沃的沙質壤土，在沙土及黏土中生長不良。春季萌動較早，4～5 月即可開花，花後至 7 月間，莖葉漸黃而休眠。喜半陰，忌陽光直射。

荷包牡丹在庭園中叢植，點綴在岩石園中最為優美；配植在矮生花卉中心，亦頗有情趣。還可以盆栽觀賞，促成切花。

繁殖方法以分株為主，分株以 3～4 月份新芽開始萌動時進行為好。秋季也可分株。分株時可利用斷根進行根插。花期可剪去花蕾進行枝插，插床用河沙或沙質壤土均可。還可採用種子繁殖。種子繁殖可秋播或層積處理後春播，實生苗生長 3 年可開花。冬季在近根處施腐熟餅肥或堆肥，供給充足養料。植株生長旺盛時，要有充足的水分，如能施 1～2 次液肥則更好。

促成栽培時，植株落葉後栽於盆中，放進冷室，至 12 月中旬，移至 12～13℃的溫室內，經常保持濕潤，2 月間即可開花。花後，再放入冷室，早春重新栽植露地。

報春花（*Primula obconica*）又名四季櫻草、球頭櫻草，為櫻草科多年生宿根矮生草本。花多色艷，花期長，開花早，是常見的溫室花卉之一。常見的栽培種有：四季櫻草、藏報春、小種櫻草。

報春花繁殖以播種為主，也可分株。

種子壽命短，採後即播，發芽力很
強，發芽溫度為 15～19℃，故以 5
月中下旬至 6 月上旬，高溫到來之前
播種為宜。宜用播種淺盆播種，培養
土以腐葉土為主，要求疏鬆、肥沃、
微酸性。播後不覆土，用浸水法使盆
土濕透，然後取出蓋上玻璃，略加遮
蔭，4～5 天即可出苗。

幼苗長出 60%以上時，可除去
玻璃，注意遮蔭和通風。幼苗有 2～
3 片真葉時可移苗 1 次，每個播種盆
約植 50～60 株，仍需遮蔭，生長 15～20 天後，可縮短遮蔭時
間，適當鬆土，施稀薄人糞尿 1～2 次，施後噴水；洗去葉上的
肥水。

當幼苗有 4～5 片葉時，可移栽到小盆內，此後一星期內，
如陽光過強，仍需遮蔭，10～15 天後可鬆土 1 次，施 10%～
20%人糞尿 2～3 次。以後根據生長情況，可再移到頭沖盆中定
植，施液肥 2～3 次，12 月起陸續開花。

花謝後，將殘花梗剪去，可繼續抽出新花梗。花開終了時，
天氣漸熱，應移至陰涼通風處，保持濕潤，不使過乾。到冬季又
可在溫室內開花。選作收種的母株，可再翻盆 1 次，栽到中放盆
中，注意增施肥料。一般在 4～5 月份採種，因成熟期不一致，
要注意及時採收，收下後蓋紙略曬，防止暴曬過度，使種子失去
發芽力。曬後除去果殼，保存在冷涼通風處。

報春花很易遭受蚜蟲及紅蜘蛛為害，可用阿維菌素類藥劑和
吡蟲啉防治。

君子蘭（*Cgardenii*）常見栽培的有兩種，一為上花君子蘭，一為君子蘭。它們都屬石蒜科的多年生常綠草本，葉色濃綠寬厚，花朵艷而不妖，端莊大方，宜作室內裝飾。

（1）**上花君子蘭**：又名大花君子蘭。根束生，為肉質纖維根。葉多數，兩側疊生，革質，寬皮帶狀，長達 40～60 公分，深綠色，有光澤。花莖從葉叢中間抽出，直立，扁平，長 30～50 公分，膜質苞片覆瓦狀；花大，呈廣漏斗狀，開花時漏斗向上，數朵至數十朵組成傘形花序。花期 5～6 月份，冬季也能開花。花色有黃、橙黃、橘紅及深紅等。東北各地選擇的園藝品種以葉寬者為上品。

（2）**君子蘭**：又名狹葉君子蘭、細葉君子蘭、垂笑君子蘭。葉窄，呈皮帶形，葉下垂或弓形，也為深綠色。花 10～20 多朵組成傘形花序，花筒長，裂片短，花朵側向下垂，花期冬季，極易與大花君子蘭區別開。

君子蘭性喜溫暖濕潤，0℃以上冷室能安全越冬，要求深厚肥沃的土壤。

君子蘭通常在春天用分株法繁殖。為了觀花賞葉，不宜分株太勤，母株至少有 3 個以上的萌芽才能分盆。一般在花後分盆。植株成長後，不宜每年換盆，但春季出溫室後，最好將盆面表土扒去一層，

換上肥沃的沙土。君子蘭喜半陰，在溫室內放在北面，出溫室後，放在蔭棚內，夏季要注意通風。

採用人工授粉得到的種子，一般能將母體的優良性狀遺傳給後代。授粉後需經 8～10 個月，種子才呈紫紅色而成熟，採下後陰乾，點播於淺盆內，播後 1 個月可發芽。長有 2 片真葉時，可用小盆分栽。盆土一定要排水良好、肥沃而富含有機質，不宜栽得過深。長到 5～6 片真葉時可換一次盆。

花博士提示

君子蘭常會出現花莖夾在葉縫中長不出來的問題，俗稱「夾箭」。防止方法：①冬季室溫保持在 15℃ 以上，並加大晝夜溫差。②抽花莖時要保證充足的水分。③花前追施尿素和磷酸二氫鉀的混合肥水。④每年換盆。

鶴望蘭（*Strelifzia reginae*）又名極樂鳥花，原產南非，花形奇妙，酷似仙鶴亭立，引頸遙望，因而得名。為溫室栽培的觀賞植物，也可盆栽或作切花。

鶴望蘭屬芭蕉科多年生草本，高達 1～2 公尺，有粗大的肉質根。莖不明顯。葉大似芭蕉，兩側排列，革質，剛韌，呈長橢圓形，長約 40 公分，寬約 15 公分。每枝花莖著生 6～8 朵花，花依次開放，外 3 瓣為橙黃色，內 3 瓣為天藍色。

花期甚長，由冬至春皆可開放，一枝花莖可開 50～60 天。

鶴望蘭一般採用分株法繁殖，可在早春花後結合換盆進行。每株要有5～6芽叢生時才可分株，分株時，切開根莖處，塗以草木灰，每株不應少於2～3個芽，否則生長不良，不易著花。

也可用種子繁殖，但需要人工輔助授粉，授粉後2～3個月種子才能成熟，採種後立即播種，保持較高的溫度和濕度，2～3週可發芽，栽培管理得好，3～4年可開花。

鶴望蘭要求冬季夜間溫度在8～12℃之間。喜光，光弱則生長纖細，出芽少，開花也少。冬季應放在溫室內光線強的地方。炎夏陽光過強時，可稍遮蔭。從溫室出房，要有一個過渡，逐漸給予較強的光照。要求營養豐富的黏重土壤，一般用兩份園土、一份腐葉土配成。盆底填瓦片及粗粒湖土約1／4。因其根部粗大，盆宜深，栽植時，不要將盆土填滿，防止根系的發展將整個植株抬高。

秋海棠類（*Begonia spp.*）屬於秋海棠科秋海棠屬，原產於潮濕的熱帶、亞熱帶地區。這類植物由於姿態優美，花色艷麗或具有芳香，花期持續時間長，常年開花不斷，還有不少種類具有絢麗多彩的葉子，因而長期以來，在觀賞園藝上有極高的評價，是最常見的溫室花卉之一。

秋海棠類植物種類繁多，為了栽培管理的方便，在園藝上通常分成三大類：

1. 球根類秋海棠

具有球狀塊莖，多由一些南美山地的野生球類雜交選育而來，觀賞價值極高，花色、花型變化非常豐富，有大花、多花、

2. 養花技術

重瓣、皺邊、芳香及垂枝等很多雜種。可用播種、扦插及分球等方法繁殖，通常以播種繁殖為主。播種要用疏鬆的酸性土壤，一般用淺底盆播，播後精細管理，保持 18～21℃ 的溫度，經 2～4 週發芽。它種子細小，發芽率高，播種後不須覆土。

　　扦插春、秋均可進行，因它需要較高的空氣濕度，所以春季比秋季好。

　　分球（塊莖）在早春萌芽前進行，可用利刀將塊莖分割成數塊，每塊上要有 1～2 個芽眼，將切口黏上草木灰或硫磺粉，待切面曬乾後再栽植。

　　栽時多於早春 2～3 月份在溫室進行催芽。催芽用淺盆，土壤用堆肥土、腐葉土和沙子等配製而成，距離 5～7 公分，淺栽，只蓋住塊莖即可。栽後保持土壤適度濕潤，白天溫度維持 21～24℃，夜間維持 15～18℃，1 個月左右可發芽。小葉長到 1 公分時，可分苗移栽於盆中。有 4～5 片小葉時移到頭沖盆中。盆栽時，要求塊莖稍微露出土面，用酸性、肥沃、排水良好的土壤。栽後立即澆水。隨著植株的長大，逐漸換至中號盆中。在生長季節，應避免過度乾旱，也要防止過於潮濕，否則易引起塊莖腐爛。還要求通風良好，夏季應予遮蔭，並經常在地面噴水，以增加濕度。光線不能太強或太弱，太強則植株矮化，葉片增厚，花被灼傷；太弱則植株徒長，開花減少。

　　生長期間，每 7～10 天可施一次稀薄的液肥，大約 6 月可開花。第一批花後應節制澆水，保持半乾狀態，植株經短期休眠

165

後，可再度發新枝，這時宜將老莖剪去，只留下 2～3 個壯實的枝條，並追施液肥，促使第二批花開放。秋季葉片呈現枯黃時，應逐漸節制澆水，使植株轉入休眠。莖葉乾枯後，即可完全剪去。塊莖可取出沙藏，或仍保留在乾燥盆中，置於 5～10℃的地方貯藏越冬。在乾燥條件下，塊莖可貯藏幾年。

球根類秋海棠要求夏季涼爽，如溫度超過 32℃時，就容易造成落葉落花。過乾、過濕也會引起花芽脫落。較適宜的濕度是：白天維持 60%～70%，夜晚維持 80%～90%。

2. 根莖類秋海棠

此類秋海棠具有較大的根莖。莖肉質，匍匐，節極短，葉、花均從根莖部抽出。葉多具絢麗的虹彩或斑紋，很美麗，尤其是蟆葉海棠（蝦蟆海棠），更是著名的觀葉種類，美洲、亞洲熱帶都有一些種。

這類海棠可用葉插、播種或分株繁殖。葉插要注意溫度在 15℃以上，25℃最宜；葉子要成熟，平鋪；主脈隔 3 公分切斷，並保持較高的空氣濕度，約 5～6 週即可在傷口處癒合生根，長出幼株。播種、分株均應在早春進行。

由於這類秋海棠均產於溫暖潮濕的熱帶叢林中，常常生於岩石縫隙等土層雖淺但卻含豐富腐殖質的地方，所以盆栽宜用較大的淺盆。要求土壤排水良好，可用山泥 2 份、草皮土 1 份、沙 1 份配製而成。或腐葉土 2 份，牛糞與沙 1 份配製而成。武漢的栽培種有：

蝦蟆海棠：原產印度。葉

大，表面暗綠色，有皺紋，中央有銀白色的環帶。花淡紅色。冬季宜維持10℃以上的溫度，夏季以 21～25℃為宜。要求空氣濕度大，應注意遮蔭通風，冬季應節制澆水，但不能完全乾燥。

虎耳海棠：係蟆葉海棠的雜交種後代，葉面是不同的顏色斑塊，甚美麗，品種多，栽培廣。

3. 鬚根類秋海棠

這類秋海棠莖部半木質化，多鬚根，在適宜的條件下，均為常綠。可用播種、扦插繁殖，大量繁殖用播種，少量繁殖用扦插。

長江中下游地區常用秋播，第二年春季即可開花。扦插以春季為宜，插穗一般要有 3 個節，插後放在陰處，20 天左右生根，移放在半陰處，稍見陽光，再經 1 個月即可上盆栽植。

這類海棠均生長強健，生長期間以維持 16～21℃的溫度為宜。要求微酸性並含較多腐殖質的土壤。冬季葉面應保持乾燥，土壤過濕易引起葉子腐爛，溫度不得低於 12～15℃，是秋海棠中較易栽培的一類。較常見的有：

四季海棠：莖直立，肉質，高 15～45 公分。葉卵形或卵圓形，長 5～10 公分，表面光滑，綠色。花白色或玫瑰紅色，單性，雄花大，雌花較小。原產巴西，園藝品種很多，還有一些重瓣品種。

竹節海棠：莖紅色，高 60～100 公分。葉斜矩圓形，表面綠色，有許多銀白色小圓點，背面紅色。花多為紅色。

香石竹（*Dianthus caryophyllus*）原產南美及印度等地，目前在上海、雲南栽培較多。花姿艷麗，有芳香，花莖強韌，花期長，能耐 0℃以上的低溫和乾燥，是一種很有發展前途的花卉。

香石竹為石竹科多年生草本，四季常青。花色有白、黃、桃紅、復色等。在應用上可分為露地花壇用品系、切花用品系兩大品系。

露地花壇用的品種，用播種繁殖。切花用的品種，多為大花重瓣種，不結實，或結實的後代退化，因此，常用扦插繁殖。冬季在溫室進行扦插，溫度以 10～13℃為宜，3 月以後氣溫過高，插條不易生根。插壤用黃沙或粗糠灰均可，插床厚 10～15 公分，先灌水後扦插。插條選擇也很重要，以靠莖基部短粗充實的側芽為好，應從分歧點剝取，採後即浸水中，或在早晚隨採隨插。如能用稀濃度的生長素處理，可促進生根。植株先端的細長枝及花莖基部的粗大枝，都不易成活，不宜選作插條。插條基部傷口必須平滑，葉子先端剪去少許，用竹簽開孔插入，插後輕輕壓平，灌水 1 次，適當遮蔭（約 7～10 天除去），以後不宜多灌水，約 10 天左右再灌 1 次，大約 20 天可發根，再經 10 天即可分栽。

香石竹喜肥沃，特別是切花品系，因消耗養分多，更喜肥沃。盆栽用土以黏質壤土最適宜，也可用園

2. 養花技術

土、渣子土各半盆栽。香石竹對空氣及土壤均要求比較乾燥，室內溫度變化宜小，最適宜的溫度夜間為 10℃，白天為 20～27℃。陽光要充足，在溫室內一般放在向陽面的高處。

大批生產，最好建專用雙屋面溫室或塑料大棚，東西走向，採取高畦生產，夏季就地拆除。盆栽香石竹夏季需置高燥、陽光充足處，控制澆水。

切花香石竹第一次分栽時，距離約 3 公分左右，注意給以光照及水肥，使葉色由淡綠轉為深綠。經 45～60 天，進行第二次移植，一般中放盆栽 3 株，地栽株距 10～15 公分，注意及時施肥和灌水。育苗期間，當第一次移栽後，經 1 個月左右苗適當伸長時，可留 5～6 節摘心，使各葉腋發生側枝。

如果是地栽，當側枝伸長到相當長時，留 3～4 節摘心，使每株都有 12～15 個芽抽生開花。

香石竹除施腐熟的堆肥、廄肥外，還應加施磷肥、鉀肥及適量的石灰，對提高花的品質有效果。

玻璃翠（*Impatiens holstii*）原產非洲熱帶地區，又叫非洲鳳仙花。其莖葉光滑多汁，半透明似翡翠，花期幾乎全年不絕，容易繁殖，冬季在 5℃ 以上可安全過冬，是群眾喜愛的盆栽花卉之一。

玻璃翠屬鳳仙花科多年生草本。花深桃紅色，也有其他色變種。日本還有帶斑紋的變種，花期特長。另有一種緋紅花玻璃翠，可能是蘇丹鳳仙花。花橙紅色，莖及葉均帶紅色。花期也為全年，但越冬溫度較高。

玻璃翠常用水插法繁殖，時間以春、秋季為宜。選 10 公分

左右的側枝，從基部剝取，插在清潔的水中，約 10～15 天生根。當根長到 3～5 公分時，即可栽植，往往在生根的同時，還能不斷開花。

　　盆栽宜用疏鬆、排水良好的腐葉土。陽光要充足。夏季為了避免高溫，可置室外通風的樹蔭下，控制澆水。冬季最適宜的溫度為 13～16℃。為了避免徒長，要少施肥，特別是氮肥。夏季易染紅蜘蛛，可用阿維菌素類和吡蟲啉防除。家庭盆栽夏季應置冷涼處，避強光，注意通風，冬季注意防寒，可常年不施肥。

觀葉植物

文竹（*Asparagus plumosus*）為百合科重要觀葉植物，原產於熱帶南非，可供切花襯葉及盆栽之用，呈攀援性半灌木狀，為多年生的藤本。莖呈圓柱形，綠色，無毛，細枝多，而且是開展的。觀賞上所稱的葉，實際是莖的變態，所以叫做假葉。文竹假葉刺毛狀，6～12 簇生在一起，極細而稍彎。夏日細枝間開白色小花，花梗極短。漿果紫黑色。其變種為矮性種適於盆栽用。又因其性耐陰，姿態清雅，風度翩翩，適於裝飾窗臺、書案。

文竹通常採用播種法繁殖，長至 3 年以上開始結實。採種用的母株，最好地栽於溫室內，或用頂放盆培養，注意加強肥水管理，夏季適當通風。莖蔓長至數公尺時，用竹竿和鐵絲搭支架，引導枝蔓攀援生長。12 月至次年 2 月果實由綠色變成紫黑色即可採收，採收後隨即在溫室內用淺盆或木箱播種，播後在 20℃ 以上的條件下，約經 1 個月可以發芽，再經

1～2個月左右，有3～4個新莖時，分栽於小盆內，即成為精緻的盆栽小品，供人觀賞。

盆栽文竹時，盆底宜多填花盆碎片，使通氣良好。它喜肥沃的沙質壤土，應適量混合腐葉土。陽光宜較充足，但炎夏時要在半陰下生長，假葉呈鮮綠色而有光澤。家庭盆栽文竹，要注意掌握肥水，過乾葉枯黃，過濕葉漸黃而脫落。生長季偏濕，休眠季偏乾。還要看苗施肥，長勢茂盛可多施肥水，生長不良則少施肥水。冬季溫度保持在5℃以上，文竹即可越冬。

鐵線草（*Adiantum capillus-veneris*）屬鐵線蕨科，為熱帶及溫帶原產的觀葉羊齒植物。高15～40公分。根狀莖橫走。葉為羽狀復葉，小葉呈扇形，似銀杏葉狀，柔軟，呈深綠色，新葉的色澤較淡；葉柄極細，紫黑色，

有光澤。通常4～7月份為發芽期，葉子的壽命一般為一年半。孢子囊堆呈黃褐色，成熟時孢子飛散。根黑褐色，多分枝，先端細如毛狀，但頗堅硬，常多數密生成塊狀，能多年繼續生長。

鐵線草喜高溫，冬季宜在溫度保持10℃以上的溫室過冬；喜陰濕，夏季不宜放在直射陽光下，應放在陰棚裡過夏。

鐵線草常有多數發芽點叢生，故可採用分株法繁殖，即先將母株從盆中倒

出，抖落根上的宿土，看清芽及根部生長情況，用小刀將芽與根一分為二，然後再細分。分株宜在植物恢復生機後進行。

　　鐵線草多盆栽，宜用黏重而稍含有機質的土壤作培養土。肥料以氮肥為主，培養土中可加入一些豆餅粉末，也可用豆餅水追肥。7～8 月份生長旺盛期，可 10～15 天施肥 1 次。

　　每年換盆 1 次。四季均不宜陽光直射，夏季放在蔭棚下，冬季放在溫室陰面。由於鐵線草不喜直射陽光，故適於家庭盆栽，放在室內觀賞。

　　吊蘭（*Chlorophytum capanse*）屬百合科，有叢生的肉質根。葉細長，呈鮮綠色。生白色小花 1～6 朵，花開於春夏間。有金邊、銀邊、金心及寬葉等變種。

　　吊蘭枝葉匍匐蔓生，故適於吊盆栽培，通常用來布置節日展覽，懸掛門廳窗口，好像朵朵禮花四散飛濺，烘托出節日歡樂氣氛，妙趣橫生。家庭室內吊養一盆，也饒有風趣。

　　吊蘭繁殖十分簡便，只需剪取匍匐莖上的新芽，直接定植在花盆內即可，極易成活。培養土宜輕鬆肥沃，夏季宜置於蔭棚下，水分及肥料充足時，莖葉繁茂。

常見花卉栽培

蘇鐵（*Cycas revoluta*）俗名鐵樹，很久以來，中國人民就用「鐵樹開花」來比喻長久渴望的美好理想的實現。蘇鐵是一種古老的植物，在距今 1～2 億年間，蘇鐵的家族十分興旺。現有蘇鐵屬植物 8 種，分布臺灣、福建、廣東、廣西、雲南等地，作為庭園和盆栽觀賞樹栽培。

蘇鐵屬蘇鐵科，幹粗，呈圓柱形，密覆鱗片及葉痕，通常為單幹，高可達 3 公尺。葉簇生於莖頂，呈優雅瀟灑的姿態；葉大，濃綠色，有光澤，長 50～120 公分。雌雄異株，雄花頂生，呈球果狀，長圓錐形，有多數鱗片，各鱗片下面有無數藥孢；雌花頂生，由多數葉狀心皮組成，呈扁圓蓮花形抱生，被有黃色的密絨毛，下部柄狀的兩側著生 3～5 個裸出的無柄卵子，稱為裸子植物。種子扁平，外種皮朱紅色。

蘇鐵性喜乾燥，較耐低溫，灌水不宜過多，否則根易腐爛。根吸收鐵質特盛，盆栽土宜帶黏性，不需多肥。可用基部所發的新芽扦插繁殖，容易成活。

蘇鐵較為耐寒，越冬臨界溫度為零下 5℃，只需在最寒冷的 1 月下旬搬至溫室，即可安全越冬。

蘇鐵姿態優美壯觀，適於布置大型會場或大型建築物的入口。

印度橡皮樹（*Ficus elastica*）屬桑科，原產印度熱帶地區，為常綠喬木，高可達 20～25 公尺。全株無毛，自莖幹能發生氣根，枝褐色。葉大，幼時內捲，赤色，葉柄短，葉身厚，革質，橢圓形或長橢圓形，兩面平滑，上面呈暗綠色，有光澤，下面淡綠色；主脈顯著，側脈多數，平行分布。花細小，雌雄同株，溫室內少有開花者。其變種花葉橡皮樹的葉脈及葉緣有黃白色不規則斑紋，觀賞價值高，質較弱。

印度橡皮樹用扦插或壓條繁殖。扦插宜用新梢作插穗，老枝雖能生根，但腋芽不易長出。大量繁殖可採用葉芽插。一般溫室在 3 月間扦插，露地在 6～8 月份扦插。葉芽插一般利用沙質床，枝插可直接插入盆土中，切口流出的白色乳汁宜用溫水洗去，插後約經月餘可生根。

印度橡皮樹較耐寒，越冬的溫度為 5～10℃，夏季喜高溫多濕、陽光充足的環境。又能耐陰，故一般用來布置室內。培養土宜加入適量腐葉土，成長的植株可 2～3 年換盆 1 次。

龜背蕉（*Monstera deliciosa*）也叫龜背竹，屬天南星科，為攀援性木本，高可達 7～8 公尺。枝條上有多數下垂氣根。葉大，幼時呈心形，全緣，後漸長大，長、寬均可達 60～90 公分，羽狀分裂，似龜之背；葉厚革質，呈暗綠色，各葉脈間有長橢圓形或圓形空孔。花黃白色，長 30 公分，革質，邊緣反捲。

　　龜背蕉性喜溫暖濕潤，盆栽用土宜以腐殖質土為主，適當配合壤土及河沙。用扦插法繁殖，高溫時極易成活。夏季宜多灌水，並進行葉面噴水。

　　由於龜背蕉具有發達的氣生根，可以從空氣中吸收游離氮素，所以即使不施肥，也能正常生長發育；如果再加施一兩次氮肥（一般用腐熟餅肥水），可促使葉形巨大，色澤濃綠欲滴。盆栽龜背蕉，姿態優美，可供布置展覽和室內裝飾。夏季必須置於蔭棚下，冬季越冬溫度不能低於 0℃。

　　八角金盤（*Fatsia joponica*）原產於日本，屬五加科常綠灌木。莖高 2 公尺餘，常數枝簇生。葉為掌狀復葉，長 15～20 公分，質厚，表面深綠色，有光澤，背面淺綠色，基部心臟形或截形，

2. 養花技術

5～9 裂，裂深達中部以下，邊緣有齒牙或為波狀；葉柄長，互生。長江中下游地區盆栽八角金盤 4～5 年開始有花。秋末枝梢的葉腋抽出高約 20 公分的花軸，分枝生花；花小，白色，排列成傘形花序，呈球狀；雄蕊 5 枚。花後結實，成熟時呈黑色。

　　八角金盤性喜陰濕，喜溫暖氣候，耐寒力亦強，武漢地區可以露地越冬，夏季宜在半陰處生長。庭園中可用以布置建築物的北面，或配植在喬木樹下，或點綴岩石園。它的枝葉肥大，故需多施肥料。盆栽八角金盤應用肥沃輕鬆的培養土，生長季節常施用稀薄人糞尿，可促使枝葉茂盛，而且光澤油潤。

　　早春用根部簇生萌芽發株繁殖，極易成活。大量繁殖可用扦插，成活率也高。

　　萬年青（*Rohdea joponica*）屬百合科常綠多年生草本，原產中國中部及日本，浙、閩及川、滇等省多有分布。　各地栽培供藥用或作園林觀賞。它要求陰濕而土層深厚的環境，不能積水受澇，否則根易腐爛。對土質適應性較強，耐寒性中等。

　　萬年青根莖粗短肉質，鬚根多數細長，密被白色茸毛，無地上莖。葉深綠色，兩面光滑，葉脈平行，兩面隆起。夏季自葉叢

常見花卉栽培

抽出花莖，花莖長 7.5～20 公分；花
小，綠白色，多數簇生於頂端，成短
穗狀花序；肉質漿果球形，成熟時橘
紅色，內有種子 1 粒。根莖可藥用。

萬年青夏季宜放在蔭棚下，要注
意通風。如通風不良，易發生介殼
蟲，少量可人工刮除，發生量多時則
用 40% 速撲殺乳油或殺三蚜乳油
2000 倍液防治。

我國自古以來有以萬年青象徵吉
祥長壽的傳統習慣，因此萬年青為人
喜愛，被廣泛栽培應用。

桃葉珊瑚（*Aucuba japonica*）屬山
茱萸科，為常綠灌木。樹皮嫩時綠色平
滑，後變成軟木質。葉對生，橢圓狀卵
形，長 10～15 公分，葉緣有稀疏鋸齒，
質厚，有光澤。其變種葉上密布美麗的
黃色斑點，春日枝梢抽出花穗，著生多
數小花，花冠紫褐色；花單性，雌雄異株。花後結橢圓形果實。

桃葉珊瑚喜肥，除盆土應選用富含腐殖質的土壤外，要常施
人糞尿。冬季保持 0℃以上的溫度便可安全越冬。

桃葉珊瑚常用扦插和分株法繁殖。扦插常在 6～7 月間進
行，插條長 10～15 公分，最好帶點二年生木質。插後及時遮
蔭，保持苗床濕潤，經常噴水，1 個月左右即可生根。

廣東萬年青（*Aglaonema modestum*）屬天南星科，為多年生草本。莖圓筒形。葉柄抱莖互生，長橢圓形，長 20～30 公分，寬 4～8 公分，深綠色，無毛，羽狀葉脈。

栽培變種有花葉萬年青，其葉上撒有金黃色不規則的斑點，很美麗。

廣東萬年青喜溫暖、濕潤而富含腐殖質的土壤。夏日宜半陰，必須置於蔭棚下。冬季 0℃以上溫度可越冬。由於它能耐半陰，因此可作盆栽，供室內裝飾和觀賞。

廣東萬年青根部易叢生萌芽，故可以分株繁殖。也可扦插，直接插入盆內，插壤用一般園土。還可水插，較易生根。家庭培養多用瓶插水養法，可以經年不凋。

花葉萬年青（*Dieffenbachia picta*）別名黛粉葉。挺拔直立，葉色秀麗，四季常青，是優良的室內觀葉植物、適於盆栽作室內布置。

為天南星科花葉萬年青屬。多年生常綠亞灌木狀草本植物。莖直立，粗壯，高 1 公尺以上，少分枝。表皮灰綠色。葉大，長橢圓形，全緣，深綠色，有光澤，布滿白色或黃色的不規則斑紋。佛焰苞卵圓形，

綠色，肉穗花序色淡。園藝變種極多，如白柄花葉萬年青（*var. barraquiniana*），葉及中脈呈白色，葉上有白色斑點；狹葉花葉萬年青（*var. angustior*），葉較窄，有白色斑紋；乳斑花葉萬年青（*var. rudolphroehrs*），葉面黃綠色，主脈和周邊深綠色，色澤鮮明。

原產巴西。性喜高溫、多濕、半陰環境，忌強烈日光，耐陰，不耐寒。生長適溫 18～25℃，低於 15℃停止生長，低於 10℃受凍害。要求疏鬆肥沃、排水良好的土壤。

盆土可用園土和腐葉土加少量河沙和基肥混合配製，要求排水性好，忌黏重土壤。夏季避免強光直射，要適當遮蔭，以防日灼；放於避風處，防止吹傷葉片；冬季讓其多見陽光。夏季生長旺盛，需經常澆水和噴霧，但要防止過濕和積水，春、秋澆水應掌握間乾間濕的原則，冬季應控制水分，使盆土稍乾燥，可每 10 天澆水 1 次。為保持葉片翠綠、光亮，生長季應每兩週施肥 1 次。黛粉葉的越冬溫度為 15℃，也可耐 10℃低溫。

多用扦插法繁殖，春、夏都可進行，以春季為宜。剪取 10～15 公分長的嫩枝，插入濕潤的黃沙或珍珠岩中，在 25℃的溫度下，約 1 個月生

花博士提示

花葉萬年青的汁液有毒，接觸皮膚會發癢，不可誤食，慎防汁液沾染人體黏膜部分。家中有兒童的不適合於栽種，以免小孩誤食，引起危險。操作時應帶膠皮手套。

2. 養花技術

根；也可將莖剪成2～3公分長，每根插條最好有2～3節，蘸草木灰或放置半天，切口乾燥後再扦插。插時橫埋在沙中，這樣長出的芽子端正，容易上盆。頂梢也可用水插法，在28℃下，14天能生根。

低溫高濕，貼近盆面的莖容易發生莖腐病。對患病株可將腐爛部分用刀刮掉，塗上百菌清，減少澆水，提高溫度，植株自會痊癒。高溫乾燥易生紅蜘蛛和蚜蟲，通風不良常發生介殼蟲，應及時防除。

喜林芋（*Philodendron spp*）別名蔓綠絨、喜樹蕉。為優良的室內觀葉植物，或單株盆栽觀賞，或多株同植一盆圍繞外包棕絲的木柱造型作攀援柱式盆栽，或植於吊盆懸掛裝飾。適於各種室內場所。

為天南星科喜林芋屬多年生常綠多屬蔓生或半蔓生，也有莖幾乎不伸長的。常見栽培的有春羽（*P. selloum*，羽裂蔓綠絨、小天使蔓綠絨）；紅柄喜林芋（*P. erubescens*）；綠帝王（*Philodendron cv. Imperia Green*，綠帝王喜林芋）；青蘋果喜林芋（*P. grazielae*，團扇蔓綠絨）；立葉喜林芋（*P. cannifolium*，布袋蔓綠絨）；紅柄蔓綠絨（*P. imbe*，喜林芋、蔓綠絨）。

大多產於南美地區，喜高溫、多濕、光照充足的環境和富含腐殖質的土壤，耐陰，忌強烈的日光直射。生長適溫為20～28℃，冬季溫度不低於6～10℃。如需繼續生長，溫度必須在15℃以上。

盆栽以富含腐殖質而排水良好的壤土最佳，家庭栽培可用園

土、泥炭土、腐葉土等量混合。栽後置溫暖、潮濕、明亮但無強光直射處培養，經常調整方向，避免植株歪斜。生長季節每天澆水 1～2 次，尤其在夏季不能缺水。秋季可 3～5 天澆 1 次，冬季減少澆水量，但不能全乾。肥料用腐熟的餅肥、腐熟堆肥、骨粉等為基肥，生長季節每 1～2 週結合澆水追肥 1

次，以氮肥為主，葉面噴施一些磷鉀肥。冬季植株生長緩慢甚至停止生長，因此，管理上要注意節制澆水，停止施肥。

　　繁殖可用扦插、分株或播種。最常用的是扦插方法，4～8 月間進行，在高溫期很易發根。分株用於蔓生灌木型種類，當生長較大後可將植株摘心，促生分枝，待側枝長至 15～25 公分，則予以分株。有些莖不蔓生的種類，如立葉蔓綠絨，則自株基部分株種植，而母株仍可繼續長出腋芽，也易增殖。播種宜用於開花結實的種類，發芽適溫為 24～27℃。

　　少見病蟲害，如養護不當易遭介殼蟲侵襲。

　　綠蘿（*Rhaphidophora aurea*）別名黃金葛、黃金藤。葉片金綠相間，艷麗悅目，株條垂掛，瀟灑飄逸，可作柱式或掛壁式栽培，家庭可陳設於幾架、臺案等處，還可作插花襯材或吊盆栽植觀賞。

　　為天南星科麒麟葉屬（崖角藤屬）多年生常綠藤本植物，莖具氣生根，野生或

從屋、牆上垂下或攀附生長時長達12公尺，盆栽時僅 1～2 公尺。葉卵狀心形，長達 15 公分，通常綠色，光亮，全緣。同種常供觀賞的還有：金葛，葉片上具不規則的黃色條斑；銀葛，葉 片上具乳白色斑紋；三色葛，葉片具綠色、乳白色和黃色斑紋等。

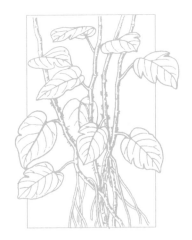

原產印尼。喜高溫、潮濕和半陰的環境；耐陰，宜明亮散射光，忌太陽直射。土壤以肥沃的腐葉土或泥炭土為好。最適生長溫度為 20～28℃，冬季溫度不宜低於 15℃。最低不得低於 10℃。

盆土以疏鬆、富含有機質的壤土為好，或用腐葉土加適量有機肥配製而成。綠蘿為蔓性植物，生長期需設立支柱，讓莖葉攀援。5～9 月間生長旺盛，需較大的空氣濕度、充足的水分，保持盆土濕潤，並經常向葉面上噴水，每半月一次的稀薄肥水，以氮為主，輔以磷、鉀肥，若設立柱，也應將其棕皮澆透。長期置於陽光直射或蔭蔽處，均易使斑紋消失。冬季處於休眠狀態，應節制澆水，停止施肥，並置於陽光充足處。5～7 月可適度修剪，以使株形整齊。栽培 3～4 年後植株須修剪更新。

常用扦插繁殖。5～7 月，取莖頂或莖 4～5 節，插入素沙或蛭石中，保持溫度 21～24℃和適當的濕度，20 天後即生根發芽。

病蟲害主要有線蟲引起的根腐病，可施用 3%呋喃丹顆粒劑防治；葉斑病應用 50%撲海因可濕性粉劑 1000 倍液噴灑防治；介殼蟲可用速撲殺殺滅。

花葉芋（*Caladium bicolor*）別名彩葉芋、二色芋、變色彩葉芋。葉子色彩斑斕豐富，艷麗奪目，作室內盆栽、配置案頭、窗臺極為雅致，是室內盆栽觀賞葉類的上品。在熱帶地區也可室外栽培觀賞，點綴花壇、花境，十分瀟灑、動人。

為天南星科花葉芋屬多年生草本。地下具膨大塊莖，扁球形。基生葉盾狀箭形或心形，綠色，具白、粉、深紅等色斑，佛焰苞綠色，上部綠白色，呈殼狀。肉穗花序黃至橙黃色。

原產西印度群島及巴西。喜溫暖濕潤氣候半陰環境，生長適溫 20～28℃，極不耐寒，塊莖冬季休眠，要在 15℃以上才能安全越冬。如室溫低於 15℃，塊莖極易腐爛。對光線的反應比較敏感，必須嚴格掌握。喜散射光，陽光暴曬易發生灼傷現象，且葉色模糊、脈紋暗淡，觀賞性差。長時間過於遮蔭，葉色不鮮，易徒長，柔嫩易折。不耐鹽鹼和瘠薄，要求肥沃、疏鬆的腐殖質土壤。

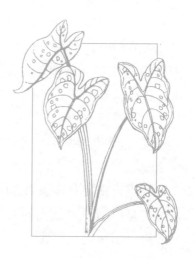

土壤要肥沃疏鬆，可用 2 份園土、2 份腐葉土、1 份腐熟的有機肥、1 份細沙或礱糠灰混合而成。盆栽花葉芋，常用 12～15 公分盆，每盆栽 3～5 個塊莖。栽植後土壤保持濕潤，在 20～25℃條件下，很快萌芽展葉。6～10 月展葉觀賞期，特別在盛夏季節，要保持

2.養花技術

較高的空氣濕度，經常給葉面上噴水，以保持濕潤，可使葉子觀賞期延長。每隔2～3星期施薄肥1次。紅葉品種可多見陽光，使色彩更加鮮艷，但要避免強光直射，以免灼傷葉片。花葉芋以觀葉為主，要及時摘除花蕾以防養料消耗。入秋後，葉片逐漸枯萎，進入休眠期，要節制澆水，使土壤乾燥，待地上部分全部枯萎，可挖出塊莖，並塗以多菌靈，放通風處乾燥後進行沙藏。室溫維持在13～16℃，於春天將其重新培植。

繁殖一般用分株法，春天當塊莖開始萌芽時結合換盆，從母株上用利刀切取帶芽塊莖，傷口用草木灰或硫磺粉塗抹，曬乾數日待傷口乾燥後栽入盆中培養即可。如塊莖較大、芽點較多的母球，可進行分割繁殖。用刀切割帶芽塊莖，待切面乾燥愈合後再盆栽。成批繁殖和培育新種可用播種法。花葉芋種子不耐貯藏，應隨採隨播，否則發芽率很快下降。幼苗最初數枚葉片呈綠色，到出現一定數目葉片後葉面開始呈現彩斑。

塊莖在貯藏期易發生乾腐病，可用50%速克靈2000倍液浸泡或噴粉防治。生長期發生葉斑病，用40%百可得可濕性粉劑800倍液噴灑防治。

金脈爵床（ *Sanchezia speciosa = S. nobilis* ）別名金葉木、黃脈爵床。葉色深綠，葉脈金黃，花色艷麗，給人以強烈的視覺衝擊，觀賞性極強，作為庭園、花壇布置，家庭、賓館、辦公擺設，皆很適宜。

金脈爵床為爵床科黃脈爵床屬直立灌木，室外栽培株高可達1.5～2公尺，室內栽培的70～90公分。多分枝，葉對生，無葉

柄，闊披針形，長 15～30 公分，寬
8～10 公分，深綠色，葉脈金黃色，
葉緣鈍鋸齒。花管狀，黃色，成簇生
於短花基上，每簇有花 8～10 朵，苞
片一對，鮮紅色。花期夏季。

　　金脈爵床原產南美熱帶地區，喜
高溫、多濕、半陰的環境，忌直射強
光，但若光線太弱，植株會徒長，葉
色變暗。喜溫暖，適生溫度為 20～
30℃。

　　盆栽以疏鬆、肥沃的腐葉土為佳，施足底肥。生長期間多澆
水，使盆土保持濕潤，但水分過多，也致使生長停滯，甚或爛
根。炎夏適當遮蔭，並時常向葉面噴水，空氣濕度要求在 70%
～80%，最低不少於 50%。一般室溫即能生長良好，每月施復
合肥 1～2 次，以磷、鉀肥為主，確保葉大色艷，少施氮肥，如
氮肥過多，則金黃色會變淡，有礙觀賞。定期修剪或摘心，促生
側枝，以維持株形美麗，控制高度。根長滿盆時，及時更換較大
的盆。溫度低於 13℃，生長停滯，冬季休眠時，越冬溫度不低
於 10℃，且宜乾燥，只保持盆土不完全乾掉即可。

　　繁殖一般在 4～5 月進行，剪長 8～10 公分的側枝（帶有
3～4 個節）作插穗，要緊靠枝節下面剪切，並摘去下面兩片
葉，切口最好用生根劑蘸一下，然後插於由泥炭土和粗沙等量混
合的基質中，或插於沙或珍珠岩中，蓋上薄膜以保持濕度，溫度
保持在 20～25℃，置於明亮光照下，一般 4～6 週可生根。

　　天氣悶熱時有介殼蟲、紅蜘蛛為害，可用速撲殺和愛福丁防
治。陽光過強或室溫過低，可致落葉。

2. 養花技術

網紋草（*Fittonia verschaffeltii*）別名費通花。耐陰性強，盆栽裝飾頗為清新素雅，翠綠清秀，國內外均十分流行。適於居室點綴，布置書房、裝飾窗臺等。小葉網紋草在歐美還常用於製作瓶景或箱景觀賞，也別具一格。

為爵床科網紋草屬（又稱費通花屬、菲通尼亞草屬）多年生常綠草本。植株較小，匍匐狀，莖呈四棱形，匍匐莖節易生根。葉對生，橢圓形，先端略尖，葉片嬌小，翠綠色，表面密布白色或紅色的鮮艷網紋狀葉脈。葉柄與莖上被白色短茸毛。頂生穗狀花序，花小，黃色。

原產於中南美洲的熱帶雨林地區。性喜高溫高濕和半陰環境，耐陰，忌陽光直射，畏冷，怕旱，也怕積水。對溫度非常敏感，生長適溫為 18～25℃，最佳生長溫度為 20℃，越冬溫度為 13℃，低於 13℃可導致落葉，若溫度低於 8℃，植株受凍死亡。對土壤要求不嚴，宜用含腐殖質豐富的沙壤土。

網紋草根系較淺，用大口淺盆較好，可用 8～10 公分盆或 12～15 公分吊盆。栽植土壤以富含腐殖質的沙壤土最好，可用泥炭土、腐葉土和粗沙等量混合配製。

網紋草葉片薄而嬌嫩，以明亮散射光最好，忌強光直射。夏季需遮光 50%～60%，冬季需充足陽光，才能生長健壯，葉色翠綠，葉脈清楚。光線太強，植株生長緩慢矮小，葉片卷縮並失去原有色彩，觀賞價值降低。若長期過於蔭蔽，莖葉易

徒長，葉片觀賞價值亦欠佳。

　　春、夏、秋三季生長旺盛，澆水寧濕勿乾；網紋草宜多濕環境，生長期需保持較高的空氣濕度，特別夏季高溫季節，需經常向葉面和地面噴水。但盆土排水要好，不能積水，葉片也不能長期浸泡在水霧之中，否則容易引起莖幹腐爛和葉片脫落。冬季或陰雨天，盆土和空氣可稍乾燥些。冬季注意保溫，防止受凍死亡，同時要減少澆水量，避免葉片腐爛和脫落。

　　生長期每月施追肥 1～2 次，由於枝葉密生，勿使肥液濺到葉片葉面，以免造成肥害。採用葉面施肥較為適宜，以氮肥為主，兼施磷鉀肥，可使葉色艷麗美觀。使用 0.05%～0.1%硫酸錳溶液噴灑葉片 1～2 次，可使網紋草葉片更加翠綠嬌潔。

　　當苗具 3～4 對葉片時摘心 1 次，促使多分枝，控制植株高度，達到枝繁葉茂。栽培第二年要修剪匍匐莖，促使萌發新葉。三年後老株生長勢減弱，觀賞性差，應重新扦插更新。

　　可用扦插、壓條和分株繁殖。扦插全年可以進行，以春秋季進行扦插最易發根。剪取匍匐莖，長 5～8 公分，一般需有 3～4 個莖節，去除下部葉片，插於淨沙或腐葉土和粗沙混合配成的疏鬆插床上，保持濕潤，在 22～28℃時，兩週左右生根，1 個月即可移栽上盆。壓條繁殖是將其匍匐莖枝埋入土中生出不定根，約一個月後剪離母株另植。分株繁殖多結合換盆進行，將生長滿盆的植株分切，使分離部分帶有根，即可上盆。

　　對莖葉生長比較密集的植株，有不少匍匐莖節上已長出不定根，將匍匐莖帶根剪下，直接盆栽，在半陰處恢復 1～2 周後轉入正常養護。

　　常見病害有葉腐病和根腐病。葉腐病用 80%大生 M—45 可濕性粉劑 800 倍液噴灑防治。根腐病用鏈霉素 1000 倍液浸泡根

2. 養花技術

部殺菌。蟲害有介殼蟲、紅蜘蛛和蝸牛危害。介殼蟲和紅蜘蛛用48%樂斯本乳油 1000 倍液噴殺。蝸牛可人工捕捉或用 6%密達顆粒劑散施盆中，小雨有助於藥效發揮。

西瓜皮椒草（*Peperomia argyreia＝P. sandersii*）別名西瓜皮、西瓜皮豆瓣綠、椒草、豆瓣綠。綠株型小巧玲瓏，生長繁茂，葉片光亮碧翠，四季常青，適宜作小型盆栽吊籃栽植，是夏季室內擺飾佳品。置於窗臺、客廳、餐廳、書房、案幾等處室內裝飾欣賞。

胡椒科椒草屬（豆瓣綠屬）常綠草本，高 15 公分～30 公分，莖極短，葉簇生，心形，近肉質，光滑無毛，葉脈由中央向四周輻射，主脈 8～11 條，濃綠色，脈間銀灰色，狀似西瓜皮，葉背紫紅色，葉柄紅褐色。穗狀花序直立，花細小，白色。同屬植物約 500 種，常見栽培的還有：皺葉椒草（*P. caperata*），花葉豆瓣綠（*P. magnoliaefolia cv. Variegata*），銀心石紋椒草（*P. marmorata cv. Silver Heart*），圓葉椒草（*P. obtusifalia*），綠金圓葉椒草（*P. obtusifalia cv. Green Gold*）等。

西瓜皮椒草原產巴西，喜溫暖、濕潤和半陰的環境，不耐寒，怕高溫，忌強光直射，稍耐旱。生長適溫 18～24℃，冬季溫度不低於 10℃。喜疏鬆、肥沃和排水良好的土壤。

盆栽可用腐葉土、園土加少量粗沙和基肥配製而成，一般1～2年換盆1次。

　　生長期保持土壤濕潤和足夠的空氣濕度，盆土不宜過濕，應見乾見濕，霉雨季節注意排水。夏、秋高溫乾旱季節應經常葉面噴霧，適當遮蔭。冬季應少澆水，置於陽光充足處，但也要避免陽光直射。光線太強對生長不利，但光線太弱又會使葉片失去斑紋。越冬溫度不低於10℃。

　　生長期每月施肥1～2次，以腐熟的餅肥水為好，也可用氮磷鉀等量的肥料。

　　葉插或分株繁殖。葉插在5～6月選取成熟健壯葉片，將葉柄和1／3的葉片插入河沙或蛭石基質，保持一定濕度，20天左右可形成根系和不定芽，60天左右小苗長出土面。輕輕將小苗連根挖起，帶老葉一起上盆培育；分株在春、秋季進行，可結合春季換盆進行。

　　病蟲害主要有：環斑病毒病危害，應注意栽培場所、盆缽和用土用20%病毒A可濕性粉劑消毒；根頸腐爛病和栓痂病危害，噴77%可殺得可濕性粉劑可控制病害蔓延；澆水過多會引起水腫，出現腐斑、疣泡，要及時摘除；6～7月有炭疽病為害，應及時剪除病葉燒毀，並噴灑25%的溴菌清500倍液進行防治。

　　彩葉鳳梨（*Neoregelia caroline, Aregelia carolinae*）別名赬鳳梨、美艷羞鳳梨。開花前，內輪葉下半部或全葉變紅色，色彩艷麗明快，能維持數月之久，春季開藍紫色小花。適合室內盆栽觀賞或用於插花、瓶景欣賞，是現代居室擺飾的極

2. 養花技術

好材料。

為鳳梨科積鳳梨屬多年生常
綠附生草本。株高約 30 公分，
扁平的蓮座狀葉叢呈放射狀外
張，葉片革質，銅綠色，有光
澤，葉緣波浪狀，有細鋸齒。開
花前中心部分葉基部或全葉逐漸
變紅，花時十分艷麗，可保持觀

賞期 2～3 個月。花細小，生於葉筒中央，淡紫至紫紅色，瓣緣
白色，春季開花，花 1～2 日即謝。觀葉期半年以上。常見栽培
的有五彩鳳梨、金邊五彩鳳梨和三色葉鳳梨等。

產於巴西熱帶雨林。喜光線明亮，但不耐強光暴曬。耐乾
旱，喜溫暖、濕潤、排水良好的環境。

盆土以疏鬆的泥炭土、腐葉土混合為好。生長期盆土需經常
保持濕潤，不可乾燥。盛夏季節葉面多噴水，在圓筒形的葉叢
中，要裝滿水，不能中斷，每 2 週換水 1 次。生性強健，需肥
量較少，肥料過量則葉色不艷，可每月施肥 1 次，平常多施磷、
鉀肥，則葉色更艷。讓植株接受充分光照，使其葉色更加鮮艷。
冬季應減少澆水，但不可乾燥。適溫為 20℃，冬季夜間最低溫
度為 10℃。

主要用分株繁殖。花期後從母株旁萌發出蘗芽，待蘗芽長
成 10 公分高小株時，剝取另行栽培。植株開花後，外輪葉腋長
出小芽，待芽長到 15 公分高、有 5～6 片小葉時，用小刀切取小
芽，扦插於沙床，20 天後開始生根，40 天即可上盆。

常見葉斑病危害。可用 50％甲基托布津可濕性粉劑 1000 倍
液或 45％百菌清、多菌靈混合膠懸劑 1000 倍液噴灑。

紫花鳳梨（*Tillandsia cyanea*）別名艷花鐵蘭、鐵蘭、紫鳳梨。可供小型盆栽觀賞。是書桌、幾架等地方的良好擺飾材料。

為鳳梨科紫鳳梨屬年生附生常綠草本。株高約 30 公分。葉放射狀基生，葉窄長，條形，全緣。斜伸而外拱；條形，硬革質；濃綠色，基部具紫褐色條紋。穗狀花序橢圓形，扁平，苞片二列，對稱互疊，粉紅色或紅色，小花雪青色，自下而上開紫紅色花，多達 20 朵，花徑約 3 公分。苞片觀賞期可達 4 個月。觀賞期甚長，花期全年。同屬約 400 餘種，常栽培的有銀葉紫鳳梨（*T. caputmedusae*）；歧花紫鳳梨（*T. flabellata*）；發絲紫鳳梨（*T. usneoides*）等。

紫花鳳梨原產厄瓜多爾、瓜地馬拉。喜溫暖、濕潤，不耐寒，喜充足散射光，忌強光直射，要求疏鬆、排水好的基質。

盆栽常用腐殖質和粗纖維如苔蘚、樹皮塊等作基質。生長季節要充分給水，每 3～4 週施 1 次液肥，澆灌在根部或噴到葉片上，葉片施肥的濃度為根部濃度的 1／2 左右。夏、秋要遮陽，冬季需保持盆土濕潤並給予充分的散射陽光，生長適溫 15～25℃，室內越冬，溫度 12℃以上。

分株繁殖。早春換盆時分株上盆，或待蘗生芽長大成熟時，掰取帶根的蘗芽上盆繁殖。生長期澆透水。少發生病蟲害。

2. 養花技術

果子蔓（*Guzmania lingulata*）別名擎鳳梨、紅杯鳳梨、姑氏鳳梨等。供盆栽觀賞。暖地可用於花壇，或作切花。栽培種較多。果子蔓屬的品種主要包括俗稱為星類的果子蔓和火炬果子蔓。星類有紅星（*Guzmania*「*Nelly*」）、黃星（*Guzmania*「*Samba*」）、紫星（*Guzmaia*「*Luna*」）等品種，此類植株的花序俯看形狀像星星，故而得名。火炬果子蔓（*Guzmania*「*Torch*」）的花序頭狀，基部紅色而頂部為黃色，形狀酷似燃燒的火炬，並以此得名。

為鳳梨科擎鳳梨屬多年生附生常綠草本。株形較矮小，高約30公分，葉蓮座狀著生呈筒狀；蓮座狀葉叢生於短縮莖上，葉質薄軟，葉片帶狀，外曲，葉面平滑、全緣、翠綠色，有光澤。總花梗挺立於葉叢中央，外圍有許多大形闊披針形苞片組成，總苞、苞片鮮紅色或桃紅色，革質，小花白色，單株花期 50～70天，全年均有花開。

原產哥倫比亞、厄瓜多爾。喜溫暖濕潤，不耐寒；喜半陰、宜充足散射光照；要求排水良好、疏鬆而富含腐殖質的土壤。生長適溫 16～18℃，冬季夜間最低溫度為 8～10℃。土壤需肥沃、疏鬆和排水良好的腐葉土或泥炭土。也可採用泥炭苔蘚、蕨根和樹皮塊的混合基質作盆栽土。果子蔓對水分的要求較高。生長期充分澆水除盆土保持濕潤外，空氣濕度應在 65%～75% 範圍內，在蓮座狀葉筒內不可缺水，生長

期需經常噴水和換水，保持水質清潔，生長期每半月施肥 1 次，施用含鉀高的肥料可使葉色、苞片更美麗。冬季室內栽培應放南窗臺多見陽光，越冬時葉筒內不宜存水。

果子蔓對光照的適應性較強。夏季強光時用遮光度 50% 的遮陽網適當遮蔭。其他時間需明亮光照，對葉片和苞片生長有利，顏色鮮艷，並能正常開花。果子蔓也耐半陰環境，但如果長期光照不足，植株生長減慢，推遲開花。

主要用分株繁殖。分蘖力強，早春當蘖芽 8～10 公分時，切割母株旁萌發的蘖芽，插於腐葉土和粗沙各半的基質中，待發根較多時，再移入盆內即可。如蘖芽上帶根，可直接盆栽。也可播種繁殖：果子蔓採種後須立即插種，採用室內盆播，播種土必須消毒處理，發芽適溫為 24～26℃，播後 7～14 天發芽。實生苗具 3～4 片時可移栽。

主要有葉斑病危害，剪去病葉的同時，可用 50% 托布津可濕性粉劑 500 倍液或 50% 多菌靈可濕性粉劑 1000 倍液防治。

美葉光萼荷（*Aechmea fasciata*）別名蜻蜓鳳梨、粉菠蘿、斑粉菠蘿，常作盆栽或吊盆觀賞，用它美化居室、布置廳堂十分理想。

為鳳梨科光萼荷屬（萼鳳梨屬）多年生附生常綠草本。葉叢呈蓮座狀，排列緊，基部呈筒形可以貯水；葉片長可達 60 公分，革質，被蠟質灰色鱗片，綠色，有虎斑狀銀白色橫紋，葉背粉綠色，邊緣有黑色小刺。穗狀花序，直立，聚成闊圓錐狀球形花頭，苞片革質，端尖，淡玫瑰紅色，小花無柄，初開藍紫色，後變桃紅色。花期

夏季,可連續開花幾個月。常見的栽培品種有銀邊光萼荷,葉片邊緣為白色;紫縞光萼荷,葉片上有紫褐色條紋;以及光萼荷等。

　　原產巴西東南部。喜溫暖,不耐寒,喜陽光充足,也耐陰,耐乾旱,忌強光直射。喜排水良好、富含腐殖質的疏鬆土壤。生長適溫 18～22℃。冬季溫度不低於 5℃。

　　盆栽宜用肥沃、疏鬆而富含腐殖質和粗纖維的培養土。生長旺季和開花期需要向葉筒灌水,定期清除筒內積水,加入清潔的水,以免發臭。注意葉面噴水,保持較高的空氣濕度並使盆土濕潤;花後期和冬季休眠季節要保持盆土適當乾燥。生長期每 1～2 週施肥 1 次發酵過的有機肥或氮、磷、鉀全面的液肥,可葉面追肥,葉筒內可灌入較稀薄的液肥。冬季休眠不施肥,少澆水,越冬溫度不低於 5℃,最好在溫度 10 ℃以上。開花期溫度不低於 15 ℃。注意冬季溫度低於 10℃以下時,葉筒內不可存水。

　　移栽前在小葉筒內注入水,並儘可能帶些母株的根。

　　分割蘖芽繁殖。花後老植株基部生出數枚蘖芽,待芽長高至 10 公分左右時,用利刀將芽從母株切下繁殖,傷口曬乾後植於稍乾的培養土中,長根後進行正常管理。也可先插入沙床,待發根後再移栽。

　　室內栽培時,如通風條件差,常有介殼蟲和薊馬危害,可用稀薄的洗衣粉液或肥皂液噴霧防治。

太陽神（*Dracae deremensis cv. Apolo*）別名阿波羅千年木。葉片重重疊疊，整齊端莊，青翠油綠，形似雞毛撣子，宜在室內花槽成列擺設，也可單獨置於書房、寫字間，給人以幽雅寧靜之感。

為龍舌蘭科龍血樹屬常綠木本植物，植株不分枝，葉片密集輪生，排列整齊，無葉柄，葉長橢圓披針形，長 20～40 公分，寬 4～8 公分，葉色翠綠油亮，邊緣明顯波狀皺褶。

原產中國及南亞熱帶地區。植株喜高溫多濕和陽光充足的環境，耐陰，耐旱，耐肥，忌積水，不耐寒。

盆土宜用疏鬆肥沃的沙壤土並加入 5%～10%豆粉之類的基肥，生長季節每半個月再澆稀薄液肥 1 次，以促其加快生長。生長適溫 25～30℃，高溫乾旱天氣極易引起葉尖枯焦，夏季應遮陽，並經常給葉片灑水，及時剪除枯、病、老葉，秋末移入溫室培養，減少澆水，高於 8℃才能安全越冬。

扦插繁殖。5～10 月取莖幹或頂芽 10 公分一段插入沙床，1 個月左右便能長根，蔭蔽環境有利於幼苗生長。植株生長較緩慢。

當太陽神苗高達 30 公分以上，明顯露出腳杆時，觀賞價值降低，可切取頂芽扦插在沙床中催根育苗，或直接上盆栽培，但要遮蔭，保持 80%以上的土壤濕度和空氣濕度，成活率達 100%。扦插 15～20 天開始生根。

斷頂後的母株加強肥水管理，在切口處又可萌發出 3～5 根芽。當蘗芽長至 5～8 公分時，又可切下育苗。重複 2～3 次後，需將母株截口再向下切，以利再發新芽；也可保留一枝健壯的

蘖芽作為新的母株。

常見葉斑病危害，可用 80%新萬生可濕性粉劑 800 倍液噴灑。

香龍血樹（*Dracaena fragrans*）別名巴西鐵、巴西鐵樹、巴西木。為著名室內觀葉植物，多盆栽供會場、廳堂、場館及居室裝飾、擺設。南方暖地也可於庭園中栽植觀賞。

為龍舌蘭科龍血樹屬常綠灌木或喬木，高約 6 公尺。莖灰褐色，幼枝有環狀葉痕。葉多聚生於莖頂端，長寬線形，長 30～90 公分，綠色，或有不同顏色的條紋，無柄，葉緣具波紋。頂生圓錐花序；花小，乳黃色，極芳香。常見品種有黃邊香龍血樹（*cv. L indenii*），葉緣淡黃色；中斑香龍血樹（*cv. Massangeana*），葉面中央具黃色縱條斑；金邊香龍血樹（*cv. Victoria*），葉緣深黃色帶白邊。

產非洲西南部，喜陽光充足和高溫多濕的環境。不耐寒，生長適溫為 18～24℃，3～9 月為 24～30℃，9 月至翌年 3 月為 13～18℃。當氣溫降至 13℃ 左右時即進入休眠期，5℃ 以下植株受凍害。要求肥沃、疏鬆而排水良好的鈣質土，喜濕，忌積澇。

盆栽土壤以腐葉土、園土和粗沙的混合配製。栽培中需注意光照的調節，香龍血樹對光照的適應性較強，但光線不足會導致葉片褪色，室內盆

栽要放置在明亮處。夏季陽光直射時，需遮光 30%～50%，以免灼傷葉片。生長旺季要肥水充足，保持土壤濕潤，但不能積水；經常向葉面噴水，保持空氣相對濕度在 70%～80%；每半月施 1 次全肥，若氮肥施用過多，葉片金黃色斑紋不明顯，影響觀賞效果。冬季休眠期要控制澆水，否則容易發生葉尖枯焦現象。室內溫度低於 13℃時，停止施肥。為了使葉芽生長旺盛，每年春季必須換盆，新株每年換 1 次，老株 2 年換盆 1 次。平時剪除葉叢下部老化枯萎的葉片。香龍血樹耐修剪，可由修剪來控制植株高度和造型。可參照朱蕉的方法控制植株株型。

常用扦插法繁殖，於 4～10 月選株高 50 公分以上的成熟健壯植株，截成 5～10 公分一段，插於沙床中，保持 25～30℃室溫和 80%的空氣濕度，約 30～40 天可生根，50 天可直接盆栽。也可截取莖段浸泡在清水中，每天換水，30 天左右生根。截幹後的植株，在肥水管理好的條件下，約 20～30 天，切口附近的休眠芽開始萌發，待長出 7～8 片葉，基部已木質化時，又可切取扦插。也可將長出 3～4 片葉的莖幹新芽剪下作插穗，插入沙床，保持高溫多濕，插後 30 天可生根。也可播種繁殖。

常見葉斑病和炭疽病危害，可用 25%溴菌清可濕性粉劑 500倍液噴灑。蟲害有介殼蟲和蚜蟲危害，可用 48%樂斯本乳油1000 倍液噴殺。

朱 蕉

朱 蕉 （ *Cordyline fruticosa ＝C. terminalis*）別名千年木、紅葉鐵樹、紅竹。觀賞期長。南方常用於布置花壇、草坪、園路、庭園。北方宜溫室盆栽。用於會場、櫥窗、廳室、茶室擺放裝飾。葉片

2. 養花技術

是插花、花飾的良好材料。

為龍舌蘭科朱蕉屬常綠灌木或小喬木，高約 3 公尺。莖直立，不分枝。葉聚生莖端，劍形或闊披針形，綠色或帶紫紅色，葉緣常有玫瑰紅色鑲邊。圓錐花序生於上部葉腋，花淡紅色至紫色；果熟紅色。栽培變種很多。

原產中國熱帶地區，印度東部直至太平洋熱帶島嶼也有分布。喜溫暖、濕潤氣候和半陰環境。喜明亮光照，但忌烈日。不耐寒，生長適溫夜間為 16～20℃，白天為 25～30℃，越冬最低溫度為 8℃，個別品種能耐 0℃ 低溫。好腐殖質豐富、疏鬆、排水良好的偏酸性土壤，忌鹼土和低窪積澇，怕乾旱。

每天需有 4 小時以上的充足光照以使葉秀色艷，但陽光過強會灼傷葉片。栽培土壤以沙壤土和腐葉土混合，生長旺期要勤澆水，保持土壤濕潤，經常向葉片和地面噴水，以增加空氣濕度，缺水易引起落葉，但積水亦會引起落葉或葉尖黃化。每半月施以氮肥為主的液肥 1 次。冬天控制肥水，使其保持休眠狀態。每 2～3 年翻盆換土 1 次。並注意室內通風，減少病蟲危害。

栽種數年後，主莖越長越高，基部葉片逐漸枯黃脫落，莖杆顯得細瘦纖弱，頭重腳輕，觀賞效果不佳，可由短截，促其多萌發側枝，保持莖葉生長繁茂。若有計劃採取截頂措施，可以數年保持植株豐滿健壯。方法是：在栽種的次年春季，植株發新葉 6～7 片後，將頂部尚未完全展開的頂葉向上拔斷。待新的頂葉長出，再次拔斷，連續幾次後，頂葉便不能正常生長，莖杆也就

不再縱向長高，而是橫向長粗，並在其中部或頂端受阻形成的膨大結節處長出 3～4 個分枝，待分株長到 5～6 片葉時停止拔頂，停止拔頂的主桿仍能長出頂葉。這樣，主杆與分枝同時生長，主杆下部葉片脫落的位置由分枝取代，同時由於增加了分枝，葉片更多，莖杆也就長得越發粗壯勻稱，增強了觀賞效果。如此每年都對主杆和分枝進行截頂處理，則枝葉會越長越多，莖杆也會更大更壯。

常用扦插和埋莖法繁殖。扦插有根莖插、莖插、芽插等，將莖段切成 5～10 公分長小段，用 0.2% 吲哚丁酸處理 2 秒，插於沙床中，保持高溫高濕，20～30 天可發根，5～6 片葉時移植。埋莖繁殖，將莖幹橫埋於沙中，生根成苗後再切分上盆。也可用播種和高壓法繁殖。

朱蕉最常見的主要是炭疽病和葉斑病危害，可用 80% 炭疽福美可濕性粉劑 800 倍液或 50% 福美雙可濕性粉劑 600 倍液，連續噴施 2～3 次。有時發生介殼蟲危害葉片，用 20% 速滅殺丁乳油 2000 倍液噴殺。

孔雀竹芋（*Calathea makoyana*）別名五色葛鬱金、藍花蕉、馬寇氏藍花蕉。株態秀雅、瀟灑多姿，葉片斑紋絢麗、美麗多彩、奇異多變，像是畫家繪出的彩色圖案，又像是栩栩如生的開屏孔雀，具有獨特的風采。初看上去，還常被誤認為假花，是當今風靡世界、最具有代表性的一種室內觀葉花卉。它的適用性強，可長時間地在室內較弱的光線下擺放。常作中小型盆栽，適宜布置客廳、會議室、書房和案頭，也是珍貴的插花樹襯

2. 養花技術

材料。

　　為竹芋科肖竹芋屬多年生常綠草本。植株密集叢生挺拔，株高 30～60 公分，葉柄紫色，從根狀莖長出，葉片薄革質，卵狀橢圓形，長 10～30 公分，寬 5～10 公分，葉面綠色，微具金屬光澤，明亮艷麗。主脈兩側沿側脈方向分布著長橢圓形、大小不等的深綠色斑塊，與之相對的葉背則呈紫紅色，斑塊左右交互排列，狀如美麗的孔雀尾羽。

　　原產巴西。性喜溫暖、濕潤的半陰環境，忌陽光暴曬，怕低溫與乾風，要求肥沃、排水良好、富含腐殖質的微酸性土壤。葉片有「睡眠運動」，即在夜間它的葉片從葉鞘部延至葉片，均向上呈抱莖狀的摺疊起來，翌晨陽光照射後又重新展開，十分有趣。

　　土壤以排水好、疏鬆、肥沃的微酸性培養土。栽培土壤可用等量腐葉土、泥炭土、河沙，加入少量腐熟的基肥混合配成的培養土。

　　在生長季節應給予充足的水分。若冬季低溫休眠，則要控制澆水，保持盆土不乾燥即可，翌春抽出新葉後，再逐漸正常澆水，忌乾燥和水量過多，如用涼開水噴水效果更佳。

　　在生長季節每月追施 1 次液肥，以補充新老葉更迭所需的養分，促進植株健壯，葉色艷麗。缺肥時，植株明顯變得矮小，葉色淡黃，金屬光澤不鮮。

　　施用肥料應以磷、鉀肥為主，氮肥不可過多。一般用 0.2% 的液肥直接噴灑葉面後，用少量水淋洗以防止肥害，磷、鉀肥對新芽萌發和生長也極有利。冬季應停止施肥。

　　生長適溫 18～25℃ 左右，空氣濕度要求為 70%～80%。在此環境下，葉色鮮麗，新芽抽出較多。高於 30℃ 對生長不利，

會使其葉緣枯焦，新芽萌發減少，植株停止生長，葉片變淡黃，夏季應放在蔭棚下栽培，並經常噴水，以保濕降溫。冬季應給予充足陽光。室內栽培時，室溫在 10℃ 以上可正常越冬，溫度再低時則葉片枯萎，進入休眠期。低於 8℃ 會受到凍害，但能忍受短時低於 5℃ 的低溫。

常採用分株繁殖。分株繁殖春秋季皆可，一般在春季結合換盆進行，每個子株應不少於 5 枚葉片。分切後立即將盆置於陰涼處，一週後移至光線較好的地方，初期應控制澆水，待發出新根後再充分澆水。也可採用根莖扦插，將根莖從根莖的莖節處用利刃切下，每段保持 1～2 個節，插後置於陰涼處，1～2 週能形成新根。

孔雀竹芋的病蟲害較少，但在空氣乾燥、通風不良的條件下，易生介殼蟲、粉虱等，可用 50%愛樂散 1000 倍液或 10%大功臣 1500 倍液噴殺。

天鵝絨竹芋（*Calathea zebrina*）別名斑馬竹芋、斑紋竹芋、斑葉竹芋、絨葉竹芋。葉片寬闊，株形開展灑脫，綠色葉面具有斑馬狀深綠色條紋，極為美麗，是世界著名喜陰觀葉植物。盆栽適合於家庭、賓館和公共場所裝飾點綴，室內觀賞期極長。也常用於插花陪襯。

為竹芋科肖竹芋屬多年生常綠草本。株高通常 40～60 公分，大葉種，葉長橢圓形，長 30～60 公分，寬 10～20 公分，葉面具天鵝絨質感，中脈兩側具淺綠色與深綠色交織的斑馬狀羽狀條紋，葉背紅色。耐陰，對環境濕度、溫度的要求與孔雀竹芋相

似。花紫色。

原產巴西，生長在熱帶雨林中。喜溫暖濕潤和半陰環境，耐陰，怕強光暴曬，不耐寒，生長適溫 18℃ 以上，越冬溫度不低於 12℃。土壤以肥沃、排水良好的腐葉土或泥炭土為好。

用腐葉土＋泥炭土盆栽，盆土要疏鬆、透氣和排水良好。生長期要求空氣濕度較高，特別是新葉長出以後，濕度最好在 80％ 以上，早晚噴霧數次，但盆土不宜過濕，否則容易傷根。光照不宜過強，短時間的暴曬也會造成嚴重的灼傷，夏季稍遮蔭，以半陰環境為好。生長期每半月施肥 1 次，適當加施磷肥。

常用分株繁殖。4～5 月將過密的植株從盆內托出，把健壯、整齊的株叢分開，分別上盆，充分澆水，放半陰處養護。

主要有葉斑病和葉枯病危害，用 65％ 克多菌可濕性粉劑 800 倍液噴灑防治。蟲害有粉虱危害，用 40％ 水胺硫磷乳油 1000 倍液噴殺。

紫鵝絨（*Gynura aurantiaca cv. Sarmentdosa*）別名土三七、橙黃土三七、紫絨三七、紅鳳菊。全株覆蓋紫紅色絨毛，在觀葉植物中非常有特色，適宜盆栽或吊盆種植，裝飾美化居室或廳堂環境。

為菊科土三七草屬多年生草本，株高

50～100公分，多分枝，莖多汁，幼時直立，長大後下垂或蔓生。葉對生，卵形至廣橢圓形，有粗鋸齒，幼葉呈紫色，長大後為深綠色，全株被紫紅色絨毛。葉花黃色或橙黃色，頭狀花序，有時會散發出令人不愉快的臭味，所以每當開花時將花蕾摘掉。花期4～5月。

原產亞洲熱帶地區。喜溫暖稍濕潤環境，宜散射光，怕強光暴曬，土壤以疏鬆、排水好的壤土為好，冬季溫度不低於10℃。

盆栽土壤一般用園土、泥炭土、腐葉土按2：1：1混合。澆水時要注意，不要向葉灑水，否則絨毛滯留水滴，會引起腐葉。夏季高溫每天澆水1～2次，春秋季可每隔2～3天1次，生長期盆土不宜太濕，保持經常濕潤即可。施肥，除種植時加入基肥外，可每1～2月施肥1次，氮肥不要過多，以免引起徒長，且葉色淡化，宜多施磷、鉀肥。以中等光照最好。植株生長過高時，應及時摘心修剪。

常用扦插繁殖，繁殖適期為春、夏季。每年5～9月，剪取長8～10公分的枝梢作插穗，除去基部葉片，插於腐葉土中或直接盆栽，可數枝插於一盆，保持濕度，放於明亮光照下，約10～15天可發根，1個月可供觀賞。

室內栽培時，易遭蚜蟲危害，可用煙參鹼500倍液噴灑防治。

散尾葵（*Chrysalidocarpus lutesens*）別名黃椰子。其株形瀟灑，枝葉茂密，四季常青，耐陰性強，是深受歡迎的高檔觀葉植物。幼樹根據株叢大小，可作大、中、小型盆栽，作為客廳、書房、臥室、會場裝飾布置。在港澳等地，因其葉片向四面呈放射狀生長，被視為事業四面騰達的象徵，備受歡迎。花店常用其葉子做插花的綠葉。南方適宜庭院草地綠化。

　　為棕櫚科散尾葵屬叢生常綠灌木，在原產地高可達 3～8 公尺，莖杆光滑，黃綠色，有環紋，基部略膨大。葉羽狀全裂，上部稍彎垂，裂片 40～60 對，披針形，長 40～60 公分，頂端呈不規則的短二裂。葉軸黃綠色，無毛，近基部有凹槽。花成串，朵小，色金黃。花期 3～5 月。

　　產地原產馬達加斯加。為熱帶植物。喜溫暖、潮濕、半陰環境。不耐寒，氣溫 20℃ 以下葉子發黃，越冬最低溫度需在 10℃ 以上，5℃ 左右就會凍死。中國華南地區尚可露地栽培，長江流域及其以北地區均應入溫室養護。苗期生長緩慢，以後生長迅速。適宜疏鬆、排水良好、肥沃的土壤。枝葉茂密，四季常青，耐陰性強。幼樹盆栽作室內裝飾。

　　盆栽土壤以疏鬆肥沃、排水透氣良好的沙質壤土為好，可以用腐葉土 3 份、河沙 1 份和少量基肥配製而成。散

尾葵的萌蘖位置比較靠上，盆栽時應稍深，以利萌枝生根。5～9月為旺盛生長期，要充分澆水，保持盆土濕潤，每10～15天施1次稀薄液肥，以促進生長。並要經常保持盆土濕潤和較高的空氣溫度。夏、秋應遮去50%左右的陽光，冬、春兩季則應儘可能多接受陽光。葉片經霜即枯，故應在霜前提早入室，冬季溫度白天25℃為宜，夜間不低於15℃，長時間低於這個溫度極易受害。幼樹每年換盆1次，老株可3～4年換盆1次，早春或初夏進行。換盆後應放半陰處。周圍應噴水提高空氣濕度。

用分株或播種法繁殖。中國目前尚無結實母樹，故主要用分株法繁殖，一般在4月結合換盆進行，每小叢至少要有三杆以上。分株後要及時上盆，並保持較高的溫濕度，可使植株較快恢復生長。

主要有葉枯病和介殼蟲危害，葉枯病可用75%百菌清可濕性粉劑800倍液定期噴灑，介殼蟲用40%速撲殺乳油1500倍液噴殺。

魚尾葵（*Caryota ochlanda Hance*）別名孔雀椰子，假桄榔。株型高大挺拔，葉形奇特，富有熱帶風情，是室內綠化裝飾的優良植物材料。適宜布置於大型客廳、會場、大門入口、走廊及牆角等處。

為棕櫚科魚尾葵屬常綠大喬木，幹直立，不分枝，有環狀葉痕，高達20公尺，盆栽一般為其幼樹，高2公尺左右。葉大型，2～3回羽狀全裂，裂片先端有不規則的鋸齒，酷似魚尾。花單性同株，肉穗花序腋生，多分枝，長而下垂，小花黃色。果近球形，較大，熟後淡紅色。花期7月。同

2. 養花技術

屬常見栽培的有短穗魚尾葵
（ C. *mitis Lour* ）和董棕（ *C.*
bdcsonensis＝C. urens ）。

花博士提示

　　在室內盆栽魚尾葵應
選擇光照和通風較好的位
置擺放，擺放 2～4 週
後，要及時調換。

　　原產中國華南、西南各省。
性喜溫暖濕潤、通風良好、陽光
充足的環境，忌強光直射，能耐

半陰。根系淺，不耐乾旱，也不耐積水。較耐寒，能耐短期
-4℃低溫。最適生長溫度為 15～25℃。要求排水良好、疏鬆肥
沃的土壤。

　　用大中型盆栽種，置於光照充足處。夏季放置在蔭棚下，生
長期要多澆水，保持土壤濕潤，每月施肥 1 次。秋末移入室內，
逐漸減少澆水量，在 5℃以上的室內越冬。對盆土的要求不嚴，
以肥沃和排水良好的沙壤土為佳。 一般 1～2 年換盆 1 次，在
春季進行。春季播種繁殖。種子發芽容易。

　　有小蓑蛾危害葉片，可用 15 安打 3000 倍液噴殺。

　　棕竹（ *Rhapis excelsa* ）別名觀音
竹、筋頭竹、棕櫚竹。株形緊湊，挺拔瀟
灑，葉形優美，四季常綠，又甚耐陰。中
小型盆栽，可供一般家庭室內和辦公室、
會議室擺設，大型盆栽，適宜會議、賓館
等公共場所廳堂和室內布置。富有熱帶韻
味，又有竹的瀟灑，是中國傳統的優良盆栽觀葉植物。栽培品種
有花葉棕竹（ *cv. variegata* ），葉片上有乳黃色條紋，極為名
貴。

　　為棕櫚科棕竹屬常綠叢生灌木。莖幹圓柱形，直立細長，有

環紋，不分枝，高可達 3 公尺，具橫走地下莖。葉簇生莖頂，葉片掌狀深裂幾達基部，頂端闊，有不規則齒缺，葉柄下部鞘狀，有網狀纖維。花單性，淡黃色，雌雄異株；佛焰花序細長，有分枝，佛焰苞 2～3，管狀。漿果球形。

　　原產中國和印尼。喜溫暖、濕潤氣候和半陰通風環境，宜排水好、肥沃、微酸性的沙壤土，不耐瘠薄和鹽鹼；喜溫暖潮濕，也能耐旱；陰性植物，耐陰，喜光照充足，怕強光暴曬；不耐寒，怕酷熱。

　　2～3 年結合分株繁殖換盆 1 次，在 4 月萌動前進行，盆土可用腐殖土或腐葉土加 1／3 河沙及其他基肥拌勻配成。5～9 月為旺生長期，盛夏氣溫高於 34℃，則葉片常會焦邊，生長停滯，應放通風和遮蔭處，避免強光直射，還應及時向葉面和地面噴水降溫，增加空氣濕度，每月施肥 1～2 次。冬春季則以多受光照為好。忌寒風霜雪，越冬溫度 5℃以上，在一般居室可安全越冬。

　　常用分株和播種繁殖。分株在春季進行，將整株挖出，把地上部莖幹和地下根莖切開成小叢，每叢保留 3 桿以上，分切時要盡量少傷根，然後重新上盆，澆透水，放在半陰潮濕的地方，保持土壤濕潤，若天氣乾燥，還應經常進行葉面噴水，待恢復生長後轉入正常養護。播種可 4～5 月盆播，播前用 35℃溫水浸泡 1 天，播後 1 個月發芽，半年後移栽小盆。也可在秋季種子成熟後隨採隨播，採用盆播，冬季移入溫室，第二年 4 月出苗。

2. 養花技術

易受介殼蟲危害，少量可人工剪除或刮除，大量可用 40％速撲殺乳油 1000 倍液噴殺。病害有葉枯病、葉斑病、褐斑病，可用 75％百菌清可濕性粉劑 600～800 倍液噴治。

袖珍椰子（*Collinia elegans = Chamaedorea elegans*）別名矮生椰子、玲瓏椰子、矮棕、袖珍棕、客室棕。小巧玲瓏，形態優美，葉色濃綠，耐陰性強。適宜作中小型盆栽，是供室內觀賞的好材料。

為棕櫚科袖珍椰子屬（矮棕屬、竹棕屬）常綠矮小灌木，株高 1～3 公尺，盆栽一般不超過 1 公尺。莖細長，直立，綠色，有環紋，不分枝。葉片由頂部生出，羽狀全裂，裂片寬披針形，20～40 片。雌雄異株，肉穗花序直立，腋生，有分枝。花小，黃色，呈小球狀。果實卵圓形，熟時橙紅色。花期 3～4 月。

原產墨西哥和瓜地馬拉。喜溫暖、濕潤和半陰環境，不耐乾旱，極耐陰，怕陽光直射，在烈日下，其葉色會變淡或發黃，並會產生焦葉及黑斑。要求疏鬆、肥沃、透氣、排水良好的沙質土壤。生長適溫為 20～30℃，不耐高溫，畏寒冷，能耐輕霜凍，越冬最低溫度在 5℃以上。

盆栽土壤要疏鬆肥沃，排水良好，可用腐殖土或泥炭加 1／4 河沙配製而成，2 年換盆 1 次。根纖細，換盆時需梳直根系。3～9 月

為生長期，要及時澆水，保持盆土濕潤，夏秋高溫期應置於蔭棚下，遮去 50% 陽光，還應用水噴灑葉面，以增加空氣濕度。每月施肥 1～2 次，9 月底停止施肥，澆水逐漸減少。下霜前必須進溫室，冬季室溫要保持 12～14℃，讓其充分休眠，但不要低於 5℃。冬季要控制澆水量，以防凍傷、爛根等現象，但土壤也不可全乾。

主要用播種或分株繁殖。春季播種，發芽溫度 24～26℃，播後約 3～6 月才能出土。播種小苗高 10 公分時可移栽入營養鉢內或作微型盆栽用，其後按苗木大小逐漸換用較大的容器栽培。袖珍椰子苗期分蘗較多，應及時分株，分株要在冬末春初，植株進入生長之前進行。

有紅蜘蛛為害葉片，受害株葉色花白，生長不良，用 73% 克蟎特乳油 3000 倍液噴殺。

發財樹（*Pachira macrocarpa*）別名大果木棉、美國花生樹、馬拉巴栗、瓜栗。為馳名之室內盆栽植物，成株是樹冠優美之庭園樹，除單株培養外，幼株亦也可 3～5 株結辮成型或彎曲造型，增加觀賞價值。另外，馬拉巴栗本是一種熱帶果樹，種子炒熟後可食用。

為木棉科瓜栗屬常綠亞灌木，株高可達 6 公尺，幹基肥大，肉質狀。葉為掌狀復葉，小葉 4～7 枚，長橢圓形至披針形，全緣。花是淡白綠色的五瓣大花，花期 4～11 月，蒴果卵圓形。

馬拉巴栗原產墨西哥。適應性很強，在全光、半陰或完全蔭蔽處均能生長良好，但避免強光直射。喜溫暖濕潤氣候，也有一

定耐旱能力。生長適溫為 15～30℃，不耐寒，冬季注意保暖。對土壤要求不嚴，以疏鬆肥沃，富含腐殖質，排水良好的壤土為好。耐修剪，小苗可塑性強。

盆栽用園土、腐熟有機質、河沙，以 2：1：1 的比例混合作為培養土。小苗上盆後，由於它的頂端優勢明顯，如不摘心就會單杆直往上長。剪去頂芽後很快就會長出側枝，莖的基部也會明顯膨大起來。入夏時要予以遮蔭，保持 50％的光照即可，烈日下，葉尖葉緣易枯焦，葉色泛黃。澆水要經常保持盆土濕潤，不乾不澆，生長季每月施餅肥水 2 次，如能增施些磷鉀肥，還可促進莖幹基部膨大。冬季，入室後，溫度不宜低於 5℃，土壤也不應太乾，晴天空氣乾燥時適當噴霧，可保持葉片油綠而有光亮。

用播種和扦插法繁殖。馬拉巴栗多用播種法繁殖，其種子如板栗，秋天成熟後，採摘後將殼除去後隨即播下，在上面覆蓋細土約 2 公分厚，然後放置在半陰處，保持一定的濕度，很快就可出苗。入冬後要移入溫室內，室溫保持在 10℃左右，來年春天，就能長到 30 公分，屆時再作分栽上盆。春季，也可利用植株截頂時剪下的枝條進行扦插，在蛭石中約 30 天便可生根，但扦插成活的發財樹，莖幹基部不易膨大。

常見的病害有腐爛病與葉枯病。前者可用普力克、安克或雷多米爾防治，後者可用百菌清、多菌靈防治。樹皮下常嚴重發生蔗扁蛾幼蟲，引起死皮或整株死亡，防治時刮除死皮並噴藥，或將整盆放入藥液中浸泡 5～6 個小時，藥劑為 40％辛硫磷乳油 500 倍液。

琴葉榕（*Ficus lyrata Warb*）別名提琴葉榕。作庭園樹、行道樹、綠蔭樹、盆栽皆可。琴葉榕葉形奇特，葉色亮綠，姿態優雅，是大堂、樓館、客廳擺飾和庭院布景的高級觀葉植物。葉片大提琴形，可避風，對空氣污染、塵埃的抵抗力強，抗病蟲害，樹姿潔淨清翠。

琴葉榕為桑科榕屬常綠喬木，樹高可達 10 公分以上，有乳汁。琴葉榕葉片大，長有 30～40 公分，葉片形狀酷似提琴，革質，兩面無毛，黃綠或深綠色，有蠟質，葉片先端鈍而微凹，中肋於葉面凹下而於葉背顯著隆起，側脈數條甚明顯，葉緣為全緣，帶有波浪狀。花：隱花果，球形，有白斑點，單一或成對，無梗，徑約 2 公分。

原產熱帶非洲，臺灣普遍栽培，近幾年中國大陸大量引進作為觀賞樹推廣。性喜高溫多濕和通風透光的環境，以及肥沃、疏鬆、排水良好的土壤條件，耐陰，不耐寒。半日照、全日照均理想。

盆土宜用疏鬆、肥沃的沙質壤土，可以園土、腐葉土對半混合配製。生長適溫 22～28℃，生長期每 2 週施 1 次腐熟的餅肥水。夏季要保持土壤濕潤，保持較高的葉面水分和空氣濕度，避免強光直射。冬季宜多照陽光，適當控制澆水，越冬溫度不低於8℃。成熟植株每 2～3 年換盆 1 次。

高壓或扦插繁殖。壓條一般在夏季選擇粗壯的二年生枝條進行，成活率較高。方法是：在枝條上環剝 0.5～1 公分寬的環帶，不損傷木質部，外面裹以糊狀泥，用塑料布包裹，以保持濕度，防止水分蒸發，待長根後，連泥團剪下，上盆移植，並將幼

苗置於半陰處養護，待完全緩苗後再置正常條件下。

琴葉榕很少發生病蟲害。

花葉木薯（*Manihot esculenta cv. Variegata*）別名斑葉木薯。葉片掌狀深裂，綠色葉面鑲嵌黃色斑塊，紅色葉柄，顯得十分絢麗，是非常耐看的且觀賞期較長的觀葉植物。一般盆栽適合放置於多種場所的入口處或者向陽處擺飾。

為大戟科木薯屬亞灌木，高 1～2 公尺，有肉質塊根，莖紅色。葉互生，掌狀 3～7 深裂至全裂，全緣，漸尖，葉面綠色，有黃色斑塊，葉長 10～15 公分，葉柄紅色，長約 20 公分。花序腋生或頂生，花單性，雌雄同株，黃綠色，無花瓣，夏秋開花，花不顯眼。蒴果卵狀，長約 1 公分，有縱棱 6 條。

原產熱帶美洲。喜溫暖和陽光充足，耐半陰和高溫，不耐寒，不耐乾旱，也不耐水濕。土壤要求肥沃、疏鬆和排水良好的微酸性壤土，生長適溫為 25～30℃，夜溫 18～20℃，夏季可耐受 34～36℃高溫。冬季溫度不低於 15℃。

全年均需充足陽光。適宜疏鬆、肥沃的微酸性沙壤土，可用園土、腐葉土、粗沙等量混合配製。環境不宜過乾或過濕，盆土過濕易引起爛根，過乾會產生落葉。生長期應充分澆水，每月施復合液肥 1 次，可適當增施磷、鉀肥，以使株型美觀葉色瑰麗。秋涼後生長緩慢，逐漸落葉休眠，應節水控肥，直至極少澆水，保持盆土稍濕潤，以利地下塊莖及地上部莖幹越冬，氣溫降至 10℃以下時，應注意防寒。溫室內越冬。

常用扦插繁殖，於春末夏初進行。方法是：選擇健壯莖幹，

剪成 10 公分左右長的莖段，用水清洗、曬乾後扦插，約 20 天左右即可生根。

常見褐斑病和炭疽病危害，可用 80%炭疽福美可濕性粉劑 800 倍液或 50%福美雙可濕性粉劑 600 倍液噴灑。蟲害有粉虱和介殼蟲危害，用 40%速撲殺乳油 1000 倍液噴殺。

佛肚竹（*Bambusa Ventricosa*）別名大肚竹、佛竹、密節竹、羅漢竹。植株低矮秀雅，節間膨大，狀如佛肚，形狀奇特，枝葉四季常青，是盆栽和製作盆景的極好材料，南方也可地栽，是布置庭院的理想材料。

為禾本科刺竹屬，灌木型枝葉叢生，盆栽株高 1～1.5 公尺，地栽株高 2～2.5 公尺。正常稈節間圓柱形，畸形稈通常一面強曲，基部膨大作洋梨形，狀如佛肚，葉卵狀披針形至矩圓狀披針形，上面禿淨，背面被柔毛。

原產中國，分布廣東。喜溫暖濕潤和陽光充足環境，不耐寒，也不耐旱，怕烈日暴曬，喜疏鬆肥沃的沙質壤土，冬季溫度不低於5℃。

佛肚竹一般盆栽於 5 公分深的淺盆內，以選用面積較大的長方形或橢圓形盆為佳，這樣有利於竹鞭水平橫向生長。若盆中再點綴些小塊湖石或石筍石，則更顯得景致自然秀美。

佛肚竹生長季節均可移植，但以在早春二月和梅雨季節最好。選 3～5 竿母竹，多帶地下竹鞭，要避免弄傷竹與鞭連接處。移植後應置於陰濕處養護半個月，再移至陽光充足處。生長期注意保持土壤濕潤，氣候乾燥時，需經常向葉面噴水。新竹抽

出期間，適當扣水，抑制其生長以控制株高，扣水以頂梢嫩葉微捲為度，再澆透水。除盛夏外，應給予全日照。在新筍抽出前施肥餅肥1次，平時少施肥，以利保持植株低矮秀雅之姿。越冬應移入室內向陽處，室溫保持在0℃以上。

主要用分株或扦插繁殖。生長良好的佛肚竹，能在春末秋初分別萌發兩次新竹。春末夏初萌發的竹，竹節間隆起膨大，而秋發竹，竹節間大多不膨大，且節間長，一般不留。但也可用來留作母株，分株繁殖後長出的新竹，仍能隆起。由於盆栽佛肚竹土層較淺，養分有限，增殖不旺，所以一般不宜直接用作分株繁殖，可利用秋發竹和主竿上的次生嫩枝來進行分株或扦插繁殖。這種枝上的節部都有隱芽，具有發根抽筍的能力。

具體做法是：在梅雨季節，選取基部帶有腋芽的嫩枝條3～5節，並帶部分小葉，用500ppm萘乙酸浸插穗基部10秒種，然後斜埋入土壤或蛭石中，不要太深，末端應露出土外，再用稻草覆蓋，噴水保濕，有全光噴霧條件則更好，20餘天就可萌發出不定根。新根長出後要減少噴水；土插者可留床養護，勤施薄肥，待第二批新筍萌出後再移植。如生根後即上盆，則要放在背陰處養護半月，才能逐步增見陽光。

常發生鏽病和黑痣病，鏽病用50%萎鏽靈可濕性粉劑2000倍液噴灑，黑痣病用50%甲基托布津可濕性粉劑500倍液噴灑。蟲害有竹蝗危害，用5%銳勁特懸浮劑1000倍液噴殺。

藤蔓植物

凌霄（*Campsis grandiflora*）屬紫葳科，落葉藤本，全世界只有兩個種：中國凌霄和美國凌霄。花期 6～8 月份。每個花序可開花 30～40 天。中國凌霄由 5～9 枚小葉組成復葉，花冠筒短，花冠大，橙紅色，又叫大花凌霄。美國凌霄由 9～13 枚小葉組成復葉，花冠筒較長，花長而小，顏色深紅，又叫長花凌霄。

凌霄原產中國長江流域至華北一帶。美國凌霄可能是中國凌霄自然遷移到美洲後，由於環境條件變化的影響，逐漸發生變異而產生的新種。凌霄喜陽，喜溫暖濕潤，要求排水良好的土壤。栽培較粗放，春、秋皆可移栽，即使不施肥灌水，成活後也能生長。但若在春季萌芽前，施肥澆水，更能使它葉茂花繁。

凌霄是很好的園林綠化觀賞植物，最適宜依附老樹、石壁、牆垣種植，纖蔓垂條，綠葉紅花，景色動人。若作棚架種植，在每年早春發芽之前，應適當疏剪，剪去纖弱、擁擠的枝條和枯枝，使其通風透光，保持

2. 養花技術

整潔。

　　凌霄主要採用扦插法繁殖。其根蘗較易萌發，故也可分株繁殖。美國凌霄常用壓條法繁殖，5 月上旬壓條，7～8 月份生根，當年 10 月即可割離母株移栽定植。

　　紫藤（*Wisteria sinensis*）乃豆科落葉藤本。莖木質，較粗大。總狀花序，長短不一，4 月開花，花紫色。常見的有紫藤、多花紫藤和白花紫藤（又叫銀藤）。紫藤先花後葉，纏繞物體從左向右往上攀升；多花紫藤花葉同放，枝條由右向左往上纏繞；銀藤開白色花。三者區別明顯。紫藤生長迅速，枝葉茂密，春季串串淡紫色的花朵垂滿枝頭，花大而美，氣味芳香，令人陶醉。

　　紫藤原產中國，南北各地都有栽培。它不擇土壤，但以排水良好、肥沃的輕壤土為好。它適應性強，喜陽光，也略耐陰，耐寒耐旱耐瘠薄，不大耐澇，但稍有水濕也能生長。長期栽培的老藤，能形成蟠曲古老的奇異姿態。紫藤主根較深，鬚根少而長，但較易移植。可在春季 2～3 月份或秋季 9～10 月份，選擇排水良好的地方定植。移栽前將枝幹重剪，不帶土球。老株重剪後傷口較大，不易癒合，宜用塑料薄膜包紮。紫藤管理簡

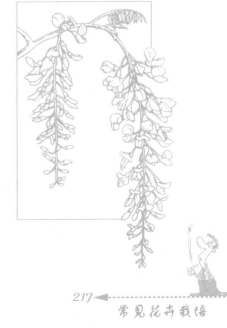

便，除定植時施些底肥外，以後可不再追肥。春季萌動至開花期，可灌水3～4次。8月以後不必澆水，以免枝條徒長。 紫藤枝條旺盛，花芽多在枝條基部形成，枝條上部多為葉芽。為了控制樹勢，開花繁茂，每年春季應進行修剪，適當短截枝條，保留花芽，減少葉芽。盆栽樁景要控制水肥，以免抽發長枝，使短枝上數芽均可開花。花後剪枝，保持株形，來年開花更旺。

紫藤可用播種、壓條、扦插、嫁接等方法繁殖。播種繁殖在春季進行，播前用60℃溫水浸泡種子兩天，待種子膨大後播入土中。用扦插和壓條法繁殖，比播種繁殖要提早3年左右開花。如欲養成盆景樁頭，可利用重剪時剩餘的粗幹，嫁接上一段長20～30公分具有生機的根系，嫁接後斜栽於苗床，待成活後上盆，以後整枝造型，粗幹橫斜，花垂數束，奇趣無比。

紫藤易受木蠹蛾和天牛為害。若幼蟲為害幼嫩藤蔓，可用針從蟲孔挑出幼蟲消滅；若為害2～3年生枝幹，則從蟲孔滴入煤油，然後堵塞蟲孔，將幼蟲憋死。

金銀花（*Lonicera japonica*）為忍冬科半常綠纏繞藤本，6～7月份開花，初為白色，後變黃色，同時綴於枝上，黃白相映，兩色分明，故名金銀花，也叫金銀藤、鴛鴦藤或「雙花」。它的葉子經冬不凋，春季新葉將出時，老葉才慢慢脫落，所以又叫「忍冬」。其藤條纏繞他物可攀援到幾十公尺高，藤徑可長到碗口般粗。中國中部地區有野生，南北各地普遍栽培。它喜歡生長在濕潤的河谷、溪旁、林緣濕地灌木叢中，是攀援綠化花廊、花架、涼臺、籬垣、牆欄的垂直綠化材料，花香宜人。如

在庭院栽種，既可賞花，夏日酷暑又可在花架下乘涼，其樂無窮。在公園內成片植於林間樹下，更富有自然情趣。摘花泡茶，可袪暑明目。

金銀花栽培變種有紅金銀花，花紅色帶紫，耐寒力稍差；紫脈金銀花，葉脈紫色，花冠白色而有紫暈或紫色邊緣；四季金銀花，除冬季低溫不能開花外，全年都可開花。

金銀花性喜陽光，亦能耐陰，耐寒性強，能耐乾旱和水濕，不擇土壤，但以濕潤、肥沃、深厚的沙質壤土生長最好。2～3月份栽植，苗木可以裸根，易於成活。3～4年進行一次清剪，剪除雜亂、交叉的枝條，促進通風透光，利於開花。乾旱時要及時澆水，勿使受旱落花。

金銀花可用播種、扦插、壓條和分株法繁殖。6～7月份梅雨季節取當年生壯實枝蔓扦插，第二年即可開花。

發現蚜蟲、介殼蟲，可用吡蟲啉或樂斯本殺除。

爬牆虎（*Parthenocissus tricuspi-data*）別名爬山虎、趴山虎、地錦、紅葛、紅葡萄藤、土鼓藤。它生長迅速，枝葉繁茂，攀援能力極強，炎夏時節，翠蓋牆壁，濃蔭如蓋，蒼翠欲滴，有很好的隔熱降溫作用；入秋，紅葉斑斕，

艷麗奪目。多用於牆壁、假山、棚架、圍牆等垂直綠化，也可利用模具種植塑形造景，能夠收到良好的綠化、美化效果。對二氧化硫等有害氣體有較強的抗性。園林上還常用於立交橋垂直綠化，也宜作工礦綠化的好材料。爬山虎藤莖、根可入藥，具有破淤血、消腫毒、袪風活絡、止血止痛的功效。

為葡萄科爬山虎屬落葉木質藤本，莖蔓粗壯，褐色，分枝多，捲鬚頂端有吸盤，附著力強；葉互生，變異很大，通常廣卵形，先端多3裂，基部心形，邊緣有粗鋸齒，在幼苗及嫩枝上葉有三小葉形成的復葉。葉色綠，秋季逐漸變黃、紅色。聚傘花序，常生於短枝頂端兩葉之間。花小，黃綠色。漿果球形，藍黑色，內含種子兩粒。花期6～7月，果熟期9～10月。

原產中國和日本，爬山虎適應性極強，抗寒耐熱，喜光耐陰。對土壤要求不嚴，生長快，攀附能力極強。

爬山虎雖然適應性強，但對肥力要求較高，在肥水充足的地方栽植，生長迅速，枝葉茂密，藤蔓覆蓋、遮蔭及觀賞效果要高得多。因此栽植時，要給土壤多施有機肥，改土換土，並每年施1～2次肥保持植株旺盛生長量和最佳的綠蔭觀賞效果。每年在休眠期和生長期，不時由修剪對藤蔓分布進行調整。休眠期以疏剪，去除弱枝，調整藤蔓的密度，短截枝條的上部生長較弱的部分，剪口處留壯芽，既有利於來年生長枝條健壯，又可避免冬季落葉後過多枝條紛亂下垂。

播種、扦插、壓條均可。秋季採摘成熟漿果，浸水搓洗出種子，隨採隨播，或沙藏越冬春播，移植或定植在落葉期進行。扦插從落葉後至萌芽前均可進行，可用一年生枝條剪成插穗，每穗保留2～3芽，春季發芽前進行扦插較易成活。壓條多將匍匐生長於地上的藤條在葉芽處培土，1個月即可發根。

常見褐斑病發生，用 65% 多克菌可濕性粉劑 800 倍液預防。

常春藤（*Hedera helix*）別名長春藤、洋常春藤、英國常春藤、美國常春藤、旋春藤。其葉色清新典雅，姿態飄逸瀟灑，為盆栽及吊栽佳品。

為五加科常春藤屬常綠攀綠藤本。莖蔓長，節間膨大，生活力強，幼莖節部易生氣生根，如接觸到合適的表面濕潤的物體就會攀附上去。單葉互生，葉形變異大，多為掌狀分裂或不分裂，上面深綠色，下面淺綠色。花小，淡黃色，為傘形花序再聚成圓錐花序。花期 9～11 月。

原產歐洲，現熱帶、亞熱帶地區廣泛應用。性喜溫暖濕潤，耐水濕，怕乾旱；喜明亮的光照，怕陽光暴曬，耐陰，但過於蔭蔽影響株形，斑葉類型每天要有 3～4 小時的陽光照曬才能保持葉色美艷；喜涼爽，一般要求 13～15℃，耐寒冷，冬季氣溫在 0℃ 以下仍不會受凍，不耐酷熱，夏季氣溫在 25℃ 以上即停止生長，當氣溫在 35℃ 以上時葉片易發黃。對土壤要求不嚴，以肥沃、疏鬆和排水良好的沙質壤土為佳。耐修剪。

盆栽土以培養土、腐葉土和粗沙的混合土為最佳，疏鬆、肥沃、富含有機質的土壤會提高植株的觀賞性。盆栽常用 10～15 公分盆或吊盆栽

常見花卉栽培

培，每盆可栽3株苗。用吊盆種植較容易乾燥，必須注意澆水，如水分不足時，株基可能會落葉，這時可向葉面噴水。盆栽可立竿牽引，進行修剪整形。每年春季換盆。

　　春、秋季生長旺盛，此時每半月澆肥水1次，如在室內已成型的盆栽，則可減少施肥或不施肥。應注意澆水，保持盆土濕潤，在葉面和地面多噴水，增加空氣濕度，對常春藤的莖葉生長有利，切忌乾燥，否則易發生葉片枯黃脫落。夏季溫度高，往往生長緩慢。澆水以中等水量為宜，多向葉面噴水，保持50%～60%空氣濕度。冬季溫度較低，應多照陽光，減少供水量，不能過濕，保持盆土稍濕潤，否則同樣產生落葉現象。極耐寒，-5℃以下也能越冬。極耐陰，但在強陽光下也能生長。

　　一般採用扦插繁殖，在春秋季均可進行。剪取半木質化的枝條，剪成長10～20公分，去掉下部幾片葉，將莖部2～3節埋入土中，放在陰涼處養護，保持土壤濕潤，25天左右就可生根。也可將莖蔓連續壓條，用土塊或石塊壓在節上，保持土壤濕潤，節部很快長根扎土。生根後按3～5節一段剪斷，刺激腋芽萌發生長，待新莖長約8～10公分即可移植。

　　常見葉斑病危害，可用14%絡氨銅水劑300倍液噴灑防治。易受蚜蟲、介殼蟲和蟎類害蟲危害，可用10%大功臣1000倍液或50%愛樂散1000倍液噴灑。

蔓長春花

　　蔓長春花（*Vinca major*）別名長春蔓、纏繞長春花。全年碧綠，或鑲嵌銀邊，4～5月，從葉叢中開出朵朵藍花，顯得十分幽雅。最適於懸吊觀賞，可栽成吊盆或掛壁，懸垂窗前、走廊等處，亦可

盆栽置於櫃櫥頂、書架或高花架之上，往下垂掛，綠化效果都很好。在長江以南多用作林緣或林下的地面綠化，斜坡、擋土牆、岩壁、山石、籬垣、綠廊等垂吊立面綠化，是優良的地被植物和垂吊植物。還是插花的常用枝材。

花博士提示

　　蔓長春花具有頂端生長優勢，生長期及時摘心，可促發側枝使植株姿態豐滿。

　　為夾竹桃科蔓長春花屬常綠蔓性亞灌木。株高 30～40 公分。叢生狀。營養莖蔓性，匍匐，細長少分枝，基部稍木質，開花枝直立；葉對生，橢圓形，先端急尖，綠色有光澤，葉緣及柄有毛，開花枝上的葉柄短；葉柄、葉緣、花萼及花冠喉部有毛；花單生葉腋，花冠高腳碟狀，5 裂左旋，藍色，花萼及花冠喉部有毛；花期 4～5 月；花期春夏季至初秋。蓇葖果雙生、直立，分離、圓筒形。常見栽培園藝品種為花葉蔓長春花（ *cv. Variegata* ），葉形稍小，葉邊近白色，葉面有黃色斑紋，觀賞價值較高。

　　蔓長春花原產地中海沿岸、印度、熱帶美洲。適應性強，生長迅速，喜溫暖濕潤的環境和疏鬆而排水良好、較肥沃的土壤。不耐寒，不耐霜凍。對光照要求不嚴，以半陰環境生長最好。

　　栽培用腐殖質豐富、疏鬆的培養土最好，每盆可同時栽入多株，並適時摘心，促進分枝，迅速成型，為促進分枝，可在生長季節多摘心，在節部堆土可多長不定根，促進蔓條生長。生長期澆水要充分，保持盆土濕潤，每半月施液肥 1 次。盛夏在蔭棚下栽培，避免強光直射，並經常葉面噴水。盆栽可在低溫溫室越冬；露地栽種，一般全年青翠常綠。

　　本種適應性強，生長迅速，每年 6～8 月和 10 月為生長高峰

期。移植除嚴寒期外，全年都可進行。

常用分株和扦插繁殖。春、夏、秋季都可進行，容易成活。通常以春、夏進行最適宜。分株可在每年春季，將莖葉連匍匐莖節一起挖取分栽。扦插在 6～7 月梅雨期，剪取長 10 公分健壯枝條，由於根芽從節上長出，扦插時必須有 1～2 節埋入土中，壓緊拍實，及時淋水保濕，約 20 天左右生根。

蔓長春花常有枯萎病、潰瘍病和葉斑病發生，可用 14% 絡氨銅 300 倍液噴灑防治。蟲害有介殼蟲和根疣線蟲危害，介殼蟲用 20% 速滅殺丁乳油 2000 倍液噴殺，根疣線蟲用 3% 呋喃丹顆粒劑防治。

絡石（ *Trachelospermum jasminoides*）又叫萬字茉莉、白花藤，為夾竹桃科常綠攀援藤本，長 2～10 公尺，嫩枝常有茸毛。單葉對生，葉橢圓形或倒卵披針形，革質，葉面光滑無毛，或背面有短柔毛。花白色，芳香。另有一種紫花絡石，為粗大藤本，葉革質，分布於中國江南各省。

絡石栽培品種有：大葉絡石，葉較大，葉脈突起，葉緣向背面略反捲，花期較晚；小葉絡石，葉較小，葉脈背面隆起，4 月開花。

絡石四季常綠，夏季開花，花繁葉茂，芳香沁人。常地栽作為花柱、花廊、花亭的裝飾植物，或缸栽美化陽臺。它是優良的盆景植物，盆栽時引枝蔓於竹製的骨架，紮成亭、塔、花籃等各種造型，別具風姿。園林中，常使之攀附於假山岩石上，或古樹牆垣上，亦饒有情趣。

絡石喜溫暖、陰濕，為半陽性植物，對土壤肥料要求不嚴，抗乾旱，忌水澇，在庇蔭處發育特別旺盛。

絡石多用壓條或扦插法繁殖，因其萌發力強，節間易生根。壓條在春季2～3月份或夏季5～6月份進行，春季壓頭年生枝，夏季壓當年生枝。老枝壓條苗，葉茂花多；當年生枝壓條苗，節稀花較少。壓條常用塑料薄膜或竹筒裝土包紮節間，30天左右即生根，秋冬可剪下移栽。

扦插在5～6月份進行，剪取當年生枝，扦插在遮蔭的沙床或花盆內，半個月即可生根，生根後便可盆栽培育。也可剪下帶有氣根的枝條，直接栽入盛有肥沃土壤的盆中。

苗木栽植後，每年春夏二季施幾次腐熟的有機肥。幼苗期生長快，每年換盆1次，並立架引藤上長。盆栽多年後，因花多開在一年生枝條上，應對老枝適當修剪更新，促使多抽新枝，多開花。

絡石易遭紅蜘蛛和介殼蟲為害，盆栽苗可在春出房、秋入房時，噴灑阿維菌素類藥劑和速滅殺丁進行防治。

蔦蘿（*Quamoclit sp.*）又名密蘿松，係旋花科一年生纏繞性草本，原產美洲熱帶地區。莖細長，光滑。葉互生，單葉或多分裂。7月開花，花小色艷，有紅、白色之分。

主要品種有：羽葉蔦蘿，葉羽狀全裂，裂片多數，呈狹線形；花徑約1.5～2公分，洋紅色。圓葉蔦蘿，葉卵圓狀心臟形，全緣；花徑1.2～1.8公分，紅色，喉部帶黃色。槭葉蔦蘿，葉寬卵圓形，7～15掌狀裂；花徑2～2.5

常見花卉栽培

公分，紅色或深紅色，喉部微白。其中羽葉蔦蘿全草及根均可入藥。8～9月種子成熟，應隨熟隨採收。

羽葉蔦蘿枝葉綠茵纖秀，盛花時猶如點點紅星垂掛屏幕，是美化庭院牆垣圍籬、棚架及家庭窗口、陽臺的優良攀援植物。

蔦蘿較易栽培。它對土壤要求不嚴，但若生長在肥沃的土壤上，則花多而大，且顏色鮮艷。若植於盆中，可扎成景，如各種動物形象，或門、亭等，饒有風趣。

牽牛花（*Ipomoea purpurea*）又名喇叭花、黑丑、白丑，屬旋花科一年生草本花卉。原產熱帶及亞熱帶地區。莖纏繞。花生於葉腋，花冠喇叭或漏斗形，有白、紅、紫、藍等色。花期7～9月份。果實9～10月份成熟，種粒較大，黑色或黃白色。

牽牛花色彩豐富，栽培較易，如栽於牆垣籬下，使其枝蔓纏繞攀援，別有風味。或植於陽臺花壇，搭架引攀，形成彩色的有生氣的屏風，既遮蔭防塵，又美化陽臺。

牽牛花多採用播種繁殖，5月中旬直播於露地花盆，或提前播於溫室小花盆，因它不耐移植，常脫盆帶土移栽於露地。牽牛花性喜陽光，好排水良好的肥沃壤土。生長期間，不必摘心，讓其攀援。要勤施肥，使它枝茂花密。

9～10月份果實成熟後，應隨時採收。要選植株中部的果實留種，其發芽率較高。

金蓮花（*Tropaeolum majus*）別名旱金蓮、旱蓮花，原產南美的秘魯、智利等地，中國雲南、四川等省作露地花卉栽培，長江以北地區作溫室花卉栽培。

金蓮花屬金蓮花科的一年生或多年生草本花卉，莖中空，斜臥或蔓生。花瓣5片，有淺黃、乳白、金黃、橘紅、金紅、深紫等色，長江中下游地區常秋播，在低溫室越冬，4月出溫室。花期3～5月，地栽花期可延長到6月。它的矮生變種花橘紅色，並有重瓣型，適合盆栽。

旱金蓮喜溫暖、向陽、濕潤的環境，疏鬆、排水良好的土壤，忌夏季高溫炎熱、過濕或受澇。種子成熟易落，應分批採收。常用播種繁殖，長江中下游地區習慣秋季點播盆內，小盆1株，中盆3株。11月進溫室，放在溫室的東南向陽面，紮竹架使其依附，並注意轉盆。3～5月份即可開花。金蓮花不宜多施氮肥，以免徒長，開花不多，灌水要適當。

為延長觀賞期，使金蓮花周年開花，可採取分期播種繁殖。如需秋初觀賞，可在5月播種；如需從冬季到

春季陸續開花，可在 8～11 月份播種，溫室培養；如需夏末開花，可在早春溫室播種。金蓮花對土壤酸鹼度要求不嚴，用排水良好的壤土盆栽即可。

月光花（*Calonyction aculatum*）又名嫦娥奔月、天茄兒，為旋花科草質纏繞大藤本。莖長 5～6 公尺，有乳汁。聚傘花序腋生，花 1～7 朵。花冠高腳碟狀，白色，有時帶淡綠色折紋，有芳香。晚上 8 時左右開放，翌晨閉合，有時至午前始閉合。在夜花園中為極具吸引力的棚架植物。花期 7～10 月份。

月光花不耐寒，不擇土壤，忌大苗移植。春季 4 月播種於露地苗床或花盆。地播幼苗在真葉長出後定植，盆播苗養成較大苗後，帶土直接定植於花架陰棚旁。一般生長旺盛。枝蔓眾多。管理較簡易。宜早立支架，引藤上攀。

仙人掌及多肉植物

金琥（*Echinocactus grusonii*）別名象牙球、綠色象牙球。球體渾圓端莊，碩大碧綠，刺色金黃，剛勁有力，非常美麗壯觀。為室內盆栽植物中的佳品，也是一些大型花展的主角。盆栽可長成規整的大型標本球，用於點綴廳堂、客室，豪華氣派、典雅大方。

為仙人掌科金琥屬多漿植物。莖圓球形，直徑 80 公分或更大。球頂密被金黃色綿毛。有顯著的棱條 21～37 個。刺座大，密生硬刺，金黃色，後變褐。花著生球頂部綿毛叢中，黃色。種子黑色，光滑。花期 6～10 月。彎刺品種稱「狂刺」金琥，刺呈不規則彎曲，頗為珍奇。

原產墨西哥中部乾旱沙漠及半沙漠地帶。性強健，喜溫暖乾燥和陽光充足的環境。不耐寒，耐乾旱，忌積水。喜肥沃、排水良好、含石灰質及石礫的沙壤土。生長適溫 20～25℃，冬季不低於 8℃。

金琥生長迅速，每年春季需換盆。栽培容易，盆土可用粗沙、壤土、腐葉土等量混合，另加少量石灰質材料配製而成，再適當添加腐熟的雞糞、鴿糞等效果更好。栽植時，將

過長根系適當剪短，有利於重新發新根。生長過程中注意通風和光照，夏季應適當遮蔭，但蔭蔽度不可過大，否則球體伸長，刺色變淡，降低觀賞價值。但如果二三十天受旱也不會枯死。每半月追施稀薄液肥 1 次。生長適溫 20～

25℃。越冬溫度 8～10℃，保持盆土乾燥。如能保持較高溫度，也可沒有明顯的休眠。反之溫度過低，球體會發生黃斑，有礙觀賞。

　　在溫差大的季節生長最快，在肥沃土壤及空氣流通的條件下生長較快。在良好的栽培條件下，4 年生實生苗球體直徑達 9～10 公分，10 年生可達 15 公分，20～40 年生能長到 70～80 公分。

　　可用播種、扦插與嫁接繁殖。播種繁殖，容易發芽，幼苗只要勤修根、勤移植，生長很快。但因 30 年生母球才能結種，種子來源困難，嫁接和扦插法更為常用。於早春切除母株球頂部的生長點，促其孳生仔球，待仔球長到直徑 0.8～1 公分時，即可切下扦插或嫁接。但注意大球切頂要謹慎，因其體內水分多，不易乾燥結膜，容易腐爛。砧木選用生長充實的量天尺 1 年生莖段。嫁接後放在溫度較高的場所養護，成活後正常栽培。嫁接苗生長較快，當球長大後，應「蹲盆」使其長出自身的根系，去掉砧木，落地生長。

　　病蟲害有時發生焦灼病，可用 50%托布津可濕性粉劑 500 倍液噴灑。蟲害有介殼蟲危害，可用 40%速撲殺乳油 1000 倍液噴殺。

2. 養花技術

星球（*Asrophytum asteras*）別名星冠、星冠兜、金星球。屬仙人掌的小型種，為室內中型盆栽佳品。本種習性強健、株形端莊，外形奇特，易開花。每年開花數次，為廣大群眾所喜愛的仙人掌類代表種類，家庭供賞非常高雅。由於極易雜交，造成種類不純，對原產地野生球造成壓力，目前也已被列入一級保護。

為仙人掌科星球屬多漿植物。初球形，後成扁球乃至圓盤形，高5～6公分，直徑10公分。表皮灰綠色有光澤，布滿極短的叢捲毛組成的星點。通常8棱，棱線非常整齊，棱溝淺、棱脊平緩。棱中央間隔一定距離有一圓形的由白色絨毛組成的刺座，無刺。花生於球頂，漏斗形，黃色，喉部紅色，晝開夜閉，花徑3～4公分。

原產墨西哥北部和美國南部。原產地乾旱季節長，陽光強烈，晝夜溫差大，冬季休眠期夜晚偶有霜凍，夏季炎熱。喜溫暖乾燥及陽光充足環境。較耐寒，能耐短期霜凍。耐乾旱和耐半陰。喜肥沃、疏鬆和排水良好的富含石灰質的沙壤土。冬季溫度不低於5℃。

要求排水良好並且肥沃的土壤，如在土中加些石灰質材料可防止表皮起褐斑。星球根系較淺，盆栽不宜太深，盆底應多墊瓦片，以便排水。生長季節可充分澆水並多見陽光。每月施肥1次。冬季進入休眠期，溫度不宜過高，以10℃左右為宜，並保持盆土乾燥。成齡植株3～5年換盆1次。

本種雖不一定要嫁接，但嫁接後開花提前，為了快速繁殖和育種需要，可嫁接在量天尺上，待第一次開過花後蹲盆發根。冬

季可保持盆土乾燥，但過於寒冷，表皮會皺縮。星點越多、越白的種類，對光照要求越強。

常用播種和嫁接繁殖。播種，結籽出苗都很容易。常在春季採用室內盆播，播後 3～5 天發芽，實生苗 3～4 年後可開花。為加速生長，多用播種苗早期嫁接，在 5～6 月進行，常用花盛球或量天尺作砧木，接後第 2 年即可開花。十分稀有的品種也可以切頂，在髓部周圍會群出仔球。

同屬植物，見於栽培的還有鸞鳳玉（*A. myriostigma*）；瑞鳳玉（*A. capicorne*）；般若（*A. rnatum*）等。以鸞鳳玉最為著名。

緋牡丹（*Gymnocalycium mihanovichii var. friedrichii cv. Hibotan*）別名紅牡丹、紅球。植株小巧、球體艷麗、惹人喜愛，夏季開花，粉紅嬌嫩，是室內小型盆栽的佳品。若用白色塑料盆栽植，紅綠白相襯，效果更佳。

為仙人掌科裸萼球屬多年生常綠多漿植物。植株小球形，直徑 3～5 公分，粉紅、橙紅、深紅或紫紅色，易孳生子球。具 8 棱，棱上有突出的橫脊。輻射刺短或脫落。花著生於球頂的刺座，漏斗形，長 4～5 公分，粉色，常數朵同時開放，晝開夜閉。

原種瑞雲球產於巴拉圭乾旱的亞熱帶地區。性喜溫暖乾燥和光照充足環境，生長適溫 20～25℃，不耐寒，越冬溫度不低於 8℃。宜

花博士提示

■ 注意控制澆水量，尤其是冬季植株已停止生長，澆水不當會爛根。

■ 嫁接材料量天尺極不耐寒，溫度低於 8℃ 即會凍死，這是冬季管理的關鍵。

排水良好的土壤。

　　紅牡丹由於球體沒有葉綠素，不能進行光合作用，無法自養，必須嫁接於三棱箭等綠色多漿植物上，才能生長良好。澆水不可太勤，生長期每 1～2 天對球體噴水 1 次，每旬施肥 1 次，使紅色球體更加清新鮮艷。栽培中光照強烈，球體色愈艷麗，如光線不足，球體變得暗淡失色。除夏季光線過強時應適當遮蔭以免球體灼傷外，其他季節，多見陽光。冬季搬入室內朝南窗臺養護，嚴格控制澆水。每年 5 月換盆。3～4 年重行嫁接子球，以便更新。

　　主要用嫁接繁殖。砧木用量天尺、仙人球或葉仙人掌，以量天尺最為常用。5～6 月間從母株上剝取徑粗 1 公分左右的健壯子球，用鋒利的刀片把子球底部和砧木頂部削平，然後將子球緊貼砧木切口中央，用細線綁扎固定， 7～10 天後鬆綁，養護 2 週後，如接口完好，表明已成活。如接口變黑或產生裂縫，可將子球取下重行嫁接。

　　常發生莖腐病和灰霉病危害，可用 64% 殺毒礬可濕性粉劑 500 倍液噴灑。夏季乾燥炎熱時，易發生紅蜘蛛的危害，可用 6% 克蟎淨 2000 倍液噴殺。

　　三角柱（*Hylocereus undatus*）別名三棱箭、量天尺、霸王花。花朵碩大，艷麗可愛，香氣清幽宜人，有「月下皇后」之稱，可盆栽觀賞，但盆栽不易開花。因三角柱與仙人掌科其他植物嫁接親和力較

常見花卉栽培

強，常用作仙人掌類的嫁接砧木；在南方用於牆角配植、岩石間隙和作為籬垣植物，展示出熱帶雨林的絢麗景觀；花可煮湯，果實可食用。

為仙人掌科量天尺屬附生攀援性多漿植物。多分枝，三棱柱形，緣波狀；莖上有氣生根，常利用氣生根附著於樹木或牆壁上；花大，白色，漏斗形，長達 30 公分，外瓣黃綠色，內瓣白色，倒披針形，芳香，晚間開放。花期 5～9 月。漿果長圓形，長 10～12 公分，紅色，味香可食。

分布在墨西哥及西印度群島一帶。強健，喜溫暖濕潤的半陰環境，生長適溫 25～30℃，忌烈日暴曬，在直射強光下植株發黃。冬季要求陽光充足，怕低溫，越冬溫度不低於 10℃。適宜腐殖質豐富、疏鬆肥沃、排水良好的微酸性壤土。

三角柱栽培容易，盆土可用腐葉土、粗沙和腐熟的雞糞或牛糞等量配成。春夏生長期必須充分澆水和噴水，保持盆土和環境濕潤，每半月施稀薄液肥 1 次，夏季置蔭棚下或半陰處，過於蔭蔽，會引起葉狀莖徒長，秋末移入室內光線充足處，室溫維持 10℃以上；冬季停止施肥，控制澆水保持乾燥，在盆土乾燥情況下，能耐 5℃低溫，在 5℃以下，莖節容易腐爛。

扦插繁殖極易生根。春夏季進行，扦插基質可用素沙或腐熟的腐葉土加草木灰，後者效果較好。剪取生長充實的莖節，曬乾幾天，待切口乾燥後插入沙床，約 30～40 天生根，根長 3～4 公分時可盆栽。粗壯莖節放半陰處，環境適宜，不必扦插也能生根，可直接上盆栽植。高溫多濕切口易發黑腐爛，室溫超過 35℃應停止扦插。

主要發生莖枯病和灰霉病危害，可用 64%殺毒礬可濕性粉劑 500 倍液噴灑防治。有介殼蟲危害，用 25%優樂得可濕性粉

2. 養花技術

劑 2000 倍液噴殺。

蟹爪蘭（*Zygocactus truncactus*）別名蟹爪蓮、蟹爪、錦上添花、聖誕仙人掌。株形優美灑脫，開花繁茂壯觀，花色鮮艷秀麗，開花時間正值冬季聖誕節、元旦節，而且十分適應室內的散射光環境，是一種理想的冬季室內盆花。尤其適於懸吊觀賞。

為仙人掌科蟹爪蘭屬附生灌木性多漿植物。株高 30～50 公分。莖扁平，倒卵形，綠色或帶紫暈，多分枝，簇生狀，懸垂，先端截形，邊緣具 2～4 對尖鋸齒，狀似蟹爪。花生莖節頂端，著花密集，花冠漏斗形，兩側對稱，紫紅色。花瓣數輪，愈向內側，管部愈長，上部反捲；花期 11 月至翌年 1 月。園藝品種有 200 多個。花色有粉紅、紫紅、淡紫、深紅、橙黃和白色等。

原產巴西東部熱帶森林中，喜溫暖、濕潤的半陰環境。不耐寒，冬季溫度不低於 10℃；喜半陰，怕烈日暴曬；要求疏鬆、透氣、富含腐殖質的土壤。

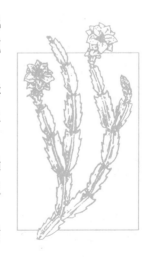

全年生長，僅在花後有一短暫生長停止時期。在栽培時要注意控制水肥，淋水不能過濕，施肥不能過濃。繁殖的新枝，正值夏季，應放通風涼爽處養護，溫度過高，空氣乾燥，莖節生長較差，有時發生莖節萎縮死亡。

盆栽宜選用肥沃、排水暢通的腐殖質

土。夏季開始加強水肥管理，生長期間要充分澆水，適當噴水，保持一定的空氣濕度。每半月施稀薄液肥 1 次。盛暑季節宜蔭蔽、避雨及噴霧降溫，減少施肥。秋季每月施磷鉀肥 1～2 次。出現花蕾後，避免雨水淋灑，保持盆土濕潤，勿過乾過濕，否則均易引起落蕾。秋末

花博士提示

蟹爪蘭栽培中花芽易落，主要原因為生長期營養不良或土壤過乾；花芽形成後光照條件突變，如轉盆；晝夜溫差過大；澆水水溫太低等。另對生長強健的植株應設支架。

移入溫室，增強光照，生長適溫 15～25℃；冬季仍能緩慢生長，但低於 10℃生長明顯緩慢，低於 5℃呈半休眠狀。

　　一般情況下，對已現花蕾的蟹爪蘭，冬季室溫應維持在 10℃以上，並略有光照，盆土宜稍偏乾，不能澆水過多或經常過濕，但不可完全乾燥。開花期少澆水。花後有短期休眠，應停肥控水，保持 15℃，盆土不過分乾燥即可，直至莖節上冒出新芽，再進入正常的水肥管理。

　　為形成優美的株形，栽培中應及時設立支架以支托下垂莖節。及時疏去部分老莖和過密枝，截短過長枝，刪去節片的頂端長出的過多新枝，每個莖頂保留 2～3 個即可；摘去著生過多的小花蕾，每節只保留 1～2 個，可促成花朵大、開花整齊旺盛；為了控制株形過大，當整個植株的蓬徑達 50 公分以上時，可在春季將莖節短截，疏去部分老枝，經過處理後長出的新枝會更加嫩綠茁壯，開花更加繁茂。修剪應在晴天進行，避免在雨天和夏季進行修剪。

　　短日照下易形成花芽。在 10～15 度的氣溫下每天給予 8～9 小時日照，60 天即能形成花芽而提早開花。

　　可用嫁接、扦插或播種繁殖。嫁接多用劈接法，砧木可用三

2. 養花技術

棱箭、葉仙人掌或生長厚實的仙人掌等，在 5～6 月和 9～10 月進行最好。用三棱箭作砧木成活率高，嫁接後長勢旺盛，但不耐低溫；以仙人掌為砧木，生長快，並較耐低溫。接穗選健壯、肥厚變態莖二節，下端削成鴨嘴狀，用嵌接方法，每株砧木可接 3 個接穗。嫁接後放陰涼處，若接後 10 天接穗仍保持新鮮挺拔，即已癒合成活。扦插全年均可進行，以春、秋季為宜。選取肥厚的具有 2～3 個莖節變態莖枝為插穗，置陰處晾 1～2 天，待剪口稍乾燥後，插入沙床中，極易成活。插壤濕度不能大，插後 3 週生根。播種多用於培育新品種。

常發生腐爛病和葉枯病危害，用 50%克菌丹 800 倍液噴灑防治。蟲害有紅蜘蛛危害，用 50%殺螟松乳油 2000 倍液噴殺。

曇花（*Epiphyllum oxypetalum*）別名月下美人。姿態奇麗，枝葉翠綠四季常青，花大色白，清香四溢，適宜盆栽觀賞。可點綴客廳、陽臺和庭院。在南方可地栽，若滿展於架，花開時令，光彩奪目，甚為壯觀。

為仙人掌科曇花屬半灌木狀多漿植物，為附生性灌木。株高可達 3 公尺。主莖圓柱狀，木質，直立，分枝扁平葉狀，綠色，長達 2 公尺，邊緣具波狀圓齒。刺座生於圓齒缺刻處。花大型，長 30 公分以上，花徑約 12 公分，白色，喇叭狀，重瓣，花筒稍彎曲、具芳香；單生於葉狀枝缺刻處。有淺黃、玫紅、橙紅等花色品種。夏季晚間 8～9 時開放，經 4～5 小時後凋謝。果實紅色，種子黑色。

原產墨西哥及中南美洲的熱帶森林中。喜溫暖、濕潤，不耐

寒，生長適溫 15～20℃，冬季溫度不低於 5℃；喜半陰，忌強光暴曬；要求富含腐殖質，疏鬆肥沃，排水良好的微酸性沙壤土。

曇花在中國除華南、西南個別地區和臺灣可露地栽培外，其他地區多作盆栽。

盆栽常用排水良好，肥沃的壤土，用沙質士、腐葉土、爐灰渣混合後栽植。盆土不宜太濕，夏季保持較高的空氣濕度。避免陣雨沖淋，以免浸泡爛根。

生長季節可充分澆水，並噴水提高空氣濕度。夏季不可陽光暴曬，光照過強，會使變態莖發黃萎縮，可放室內光線較好處或置於室外陰棚邊沿、屋簷、樹陰下，注意通風。每半月追施稀薄的液肥 1 次，可稍加硫酸亞鐵同時施用。勿使過陰或肥水過大，以免引起植株徒長，影響開花。

初夏現蕾開花期，增施磷肥 1 次。肥水施用合理，能延長花期，肥水過多，過度蔭蔽，易造成莖節徒長，相反影響開花。曇花由於葉狀莖柔弱，為使株態美觀，盆栽時應及時設立支柱。秋末入溫室，控制施肥澆水，盆土不太乾即可，以免徒長，影響開花。晚秋及冬季長出的細弱枝條要及時剪除。

冬季在室內養護，室溫不可太高，越冬溫度保持 10℃ 左右，嚴格控制澆水，不施肥，讓它充分休眠。嚴寒時停止澆水。春季不可出室太早，春分後出室為宜。

由於曇花多在晚上開放，花

2. 養花技術

期又短。為了使曇花白天開花和延長花期，人們想出了一些比較有效的辦法：

（1）採用「一光一暗，晝夜顛倒」的辦法，當花蕾長至 10 公分時，白天將曇花放入暗室或用黑色塑料薄膜做成的遮光棚中，嚴密遮光 12 小時，晚上從八時到次日凌晨六時則用燈光照射，這樣處理七八天，曇花就可以按照人們的意願在白天上午的八九點開放了，並可持續開到下午四五點鐘。

（2）採用「嫁接」的辦法，因為令箭荷花是在白天開花，選擇兩年生健壯的令箭荷花，從 8 公分處剪斷，並用刀片沿扁徑方向向下切一 5 公分的口；然後把一株健壯的大小合適的曇花變態莖剪下，插在令箭荷花的切口裡，外面用小布輕輕紮住，並將嫁接的令箭曇花放置陰涼處，土壤濕度保持在 40% 左右，成活後可施肥。待曇花花蕾膨大時，晚上放在燈光下，延長光照時間。這樣開花時間多在上午，而且每朵花可開 3～5 天，花朵比沒有嫁接的曇花大一倍，花色也可能變黃、變紅，更加美麗而獨特。這種嫁接後的令箭曇花分別在 7～10 月開四次花。

扦插或播種繁殖。扦插為主，多行扦插繁殖，於 5～6 月選取生長健壯、肥厚的葉狀變態莖，剪成 10～20 公分的莖段，放通風良好處曬乾切口，插入濕沙中，在 18～25℃ 條件下。20～30 天即能生根、扦插苗當年或翌年即可開花。也可播種，一般需人工授粉才能結種，播種後約 2～3 週發芽，實生苗需 4～5 年後才能開花。

常發生腐爛病、炭疽病、可用 80% 炭疽福美 800 倍液或 50% 福美雙 600 倍液噴灑。蟲害有介殼蟲危害，用 40% 速撲殺乳油 1000 倍液噴殺。

令箭荷花（*Nopalxochia ackermanni-i*）別名孔雀仙人掌、孔雀蘭。株形奇特，姿態輕盈，生長健壯，栽培容易，且花大色艷，香氣幽郁，品種繁多，是深受人們喜愛的室內盆栽花卉。

仙人掌科令箭荷花屬常綠附生仙人掌類植物。株高 50～100 公分，莖多分枝，灌木狀，外形與曇花相似，區別為其全株鮮綠色葉狀莖扁平，較窄，披針形，基部細圓呈柄狀，邊緣略具紅色暈，具偏斜的圓齒，刺座生在圓齒缺刻處，變態莖葉脈明顯突起。花大型，從莖兩側刺座中開出，有紫、粉、紅、黃、白等色，白天開花。花期春夏，單花花期 1～2 天。漿果橢圓形，成熟時粉紅色。種子小，黑色。

原產墨西哥中南部和玻利維亞，附生於熱帶雨林中。性喜溫暖濕潤、陽光充足的氣候，不耐寒，冬季適溫 10～15℃，春季13～18℃，6～11 月為 20～25℃，越冬溫度 8℃以上。花期要求較高的濕度，冬季應適當乾燥，並光照充足。適宜富含腐殖質、疏鬆肥沃、排水良好的酸性土壤。

盆栽每年春季換盆，要求土壤含較多的有機質，增加肥沃的腐葉土。夏季放通風良好處，稍遮蔭或不遮蔭，節制澆水；春秋兩季則要求光照充足，並充分澆水。生長季每 20 天追施腐熟的液肥 1 次，現蕾後，加施磷肥，以促使開花美而大，勿過多施

2. 養花技術

用氮肥，以免葉狀莖生長過於繁茂，影響開花。在整個生長期間要及時抹除多餘的側芽和基部的枝芽，以維持整齊的株形，減少養分消耗。並需及時設立支架，以防變態莖折斷，也有利於株形勻稱、通風透光。在7月前充分供應水肥，促使變態莖生長充實；8月以後，減少澆水，促進花芽分化。

花蕾出現後，澆水不可過多，以防落蕾。開花時，保持濕潤，以延長花期。光照不足，肥水過大，會使植株生長過盛而不能開花；陽光過強常使變態莖發黃。

常用扦插和嫁接法繁殖。扦插方法同曇花。嫁接砧木可用葉仙人掌、仙人掌或量天尺等仙人掌科植物，採用劈接法，成活率高，接後當年或翌年可以開花。亦可播種繁殖，用於培育新品種。

莖腐病、褐斑病，可用64%殺毒礬可濕性粉劑500倍液噴灑；根結線蟲，用80%二溴氯丙烷乳油1000倍液釋液澆灌防治；通風不良，易受蚜蟲、介殼蟲和紅蜘蛛危害，可用25%愛卡士乳油1000倍液噴殺。

山影拳（*Cereus sp. f. monst*）別名山影、山影掌、仙人山。外形奇特，崢嶸突兀，形似怪石奇峰，終年翠綠，生機勃勃，可用紫砂盆栽植，製成別具一格的「山石盆景」觀賞，耐人尋味。因為生長強健，耐寒性好，作為砧木，嫁接上紅色、黃色與白色的刺小球、毛小球品種，構成多彩盆栽，也別具一格。

為仙人掌科天輪柱屬畸形石化變種，多年生常綠多肉植物。

肉質莖圓柱狀，多疣，分枝呈拳狀突出，無明顯的分枝界限，莖上有不明顯的深溝縱橫，莖外形如大小參差的山峰，故名。山影拳的種類較多，有「粗碼」、「細碼」與「密碼」之分。

原種產於南美阿根廷、巴西、烏拉圭一帶。性耐乾旱、貧瘠，忌大水大肥；性喜陽光充足，稍耐半陰。較耐寒，5℃左右即可安全越冬。宜生於排水良好的沙質壤土。

山影拳栽培容易，生長迅速，掌塊小時，每年換盆。盆栽宜選用通氣、排水良好、富含石灰質的沙質土壤。可用等量的腐葉土、田園土、河沙另加適量石灰質材料與骨粉混合配製。盆土力求乾燥，澆水宜少不宜多，要「寧乾勿濕」，可每隔3～5天澆1次水，保持土壤稍乾燥，讓其生長緩慢，植株健壯，株形優美。除在每年早春換盆時，在盆底部施少量的骨粉或腐熟的餅肥末作基肥外，不需要追肥。若每月澆1次0.2%的硫酸亞鐵溶液，會使植株生長得翠綠潤澤。

生長季宜光照充足，通風良好。除盛夏稍加遮蔭外，平時可採用全光照。可放在室內或室外向陽通風的陽臺、窗臺上蒔養。夏季需將植株放在空氣流動處，並經常噴水增加空氣濕度。冬季要移入室內，置於向陽處，室溫不低於5℃即可安全越冬。

常用扦插和嫁接繁殖。扦插全年

花博士提示

山影拳不適宜過分潮濕的土壤和光線太弱的環境。水肥過大不僅容易引起腐爛，還使變態莖徒長，出現「返祖」現象，長成原種的柱狀，觀賞價值不佳。

2.養花技術

都可進行，以在 4～5 月為好。梅雨季節和炎夏暑天扦插，成活率要低一些。選擇姿態美、生長健壯的掌塊，用利刀取下，傷口塗上硫磺粉或草木灰或晾曬 1～2 天，待切口收乾後，用黃沙或素土扦插。插後不要立即澆水，可向盆土噴一些水保持微潮，極易生根，大約 20 天即可生根移植。嫁接，可以仙人球、量天尺作砧木進行平接。嫁接的山影拳生長很快，待長到一定高度時，再脫盆地栽。如是叢生狀植株，也可分株繁殖。

　　主要發生鏽病危害，可用 50％萎鏽靈可濕性粉劑 2000 倍液抹擦。乾旱悶熱缺乏通風的條件下，有紅蜘蛛、介殼蟲危害，可用 70％克蟎特乳油 2000 倍液或 25％愛卡士乳油 1000 倍液噴殺。

　　虎刺梅（*Euphorbia milii*）別名麒麟木、麒麟花、鐵海棠、聖誕梅、霸王鞭。栽培容易，開花期長，紅色苞片，鮮艷奪目，是深受歡迎的盆栽植物。由於虎刺梅幼莖柔軟，可用來綁紮造型，成為賓館、商場等公共場所擺放的精品。 常見品種有迷你虎刺梅（*E. milii var. imperatae*），雜種火烈鳥（E. × *keysii*），杜蘭虎刺梅（*E. duranii*）。

　　為大戟科大戟屬多年生灌木。株高 2 公尺左右，莖肉質，含白色乳汁，直立，圓柱狀，多分枝，有棱狀突起，密布長刺，幼時綠色，老後變褐色；花形小，鮮紅色。花期較長，花期 3～12 月，如光照溫度適宜，可全年開放。

　　原產非洲馬達加斯加。喜溫暖、濕潤和陽光充足環境。不耐寒，耐高溫；怕水濕，耐乾旱；耐瘠薄，喜宜肥沃、疏鬆和排水

良好的沙質壤土。適溫白晝22℃左右，夜間15℃左右，越冬溫度10℃左右。在中國亞熱帶廣東、廣西等地可以露地栽植，其他各地冬季溫室盆栽。

盆栽每年春季換盆，以疏鬆、肥沃、排水良好的基質為好。可用腐葉土、園土、粗沙各等份另加一成腐熟糞肥混合配製，也可墊蹄角片作底肥。

耐乾旱，不喜大水，也不宜施濃肥。土壤過濕或長時間積水則易引起落花爛根，要控制水量，盆土以處於半乾狀態為準，澆水要見乾見濕，防漬水，夏秋生長期需充足水分，可每天澆水1次，冬季不乾不澆，盆內不宜長期濕潤。3～12月，土壤濕度保持適中，能花開不斷。生長期間每月施稀薄的腐熟餅肥水液肥1次，促使苗壯成長，孕蕾期增施1～2次磷鉀結合的肥料溶液，使之花色鮮艷。立秋後停止施肥，忌用帶油脂的肥料，防根腐爛。冬季溫度低，如下降至10℃則落葉轉入半休眠狀態，葉片枯黃脫落，進入休眠期，應保持盆土乾燥。至翌春吐露新葉，繼續開花。室內越冬，室溫不能低於8℃。冬季如需繼續開花，室溫應在15℃以上。

家庭栽培多以觀花為主，虎刺梅花集於枝條上部，因此想多開花，就要促使多分枝。虎刺梅枝條不易分枝，會長得很長，開花少，姿態凌亂，影響觀賞，應在幼苗時開始剪頂，每年必須及時修剪，促使多發新枝，多開花，一般枝條在剪口後，可生出兩個新枝。植株生長過於擁擠茂密時，可在春季萌發新葉

前修剪整形。虎刺梅生長較慢，每年只長 10 公分左右，但壽命長，盆栽能活 30 年以上。

花博士提示

■ 虎刺梅喜光，花前陽光越充足，花越鮮艷奪目，經久不謝；光照不足，則花色暗淡；長期置陰處，則不開花。另須注意保持空氣流通。

■ 影響虎刺梅開花的主要因素是溫度，室溫保持 15～20℃，土壤濕度保持適中，可終年開花不絕。

常用扦插繁殖。整個生長期都能扦插，但以 5～6 月進行最好，成活率高。選取上年成熟粗壯枝條，剪成 6～10 公分一段，以頂端枝為好。剪口有白色乳汁流出，蘸以少量草木炭防腐，或用溫水清洗，曬乾後，再插入沙床。置於溫暖處，保持微潤，插後約 30 天可生根。

常見莖枯病、腐爛病為害，可用 64%殺毒礬可濕性粉劑 500 倍液噴灑。蟲害有粉虱和介殼蟲，用 40%速撲殺乳油 1000 倍液噴殺。

提醒：勿與仙人掌科虎刺相混淆哦。

蘆薈（*Aloe vera var. chinensis*）別名油蔥、草蘆薈、狼牙掌、中華蘆薈。葉形奇特、色彩斑斕、肥厚多汁的葉片四季蒼翠，早春還能從頂端抽出橙黃色花枝，有較高的觀賞價值，適宜室內盆栽觀賞，用於廳室點綴和庭院布置。南方地區，可露地栽培用於庭園布置。還可藥用、美容、食用。

為百合科蘆薈屬多年生肉質草本。莖較短，直立。葉互生，呈蓮座狀排列，肥厚多汁；葉披針形，基部寬，先端漸尖，邊緣有刺狀小齒，總狀花序，花橙黃色或具紅色斑點。花期冬季。

原產印度乾燥的熱帶地區。喜溫暖、乾燥和陽光充足環境。性強健，耐乾旱、怕積水；喜光，亦耐半陰；耐高溫、怕寒冷，冬季溫度不低於5℃。喜肥沃而排水良好的沙壤土。

蘆薈適應性強，生長較快，應當每年換盆1次。栽植土壤要求疏鬆、肥沃、保水、透氣，以沙質壤土為好。可使用腐葉土、園土和河沙，按相同比例配製，再摻點腐熟的乾糞更好。盆土最好用前進行消毒。上盆後不宜多澆水，一般是不乾不澆，乾則澆透。經常向蘆薈葉面噴水，可加快蘆薈返青生根。剛上盆的蘆薈也不要讓陽光直射，可在半陰處養護。

蘆薈在早春生長旺盛，需水較多，可每週澆1～2次，並每半月施稀薄液肥1次，不宜施過濃的肥。夏季有較短的休眠期，應控制澆水，保持乾燥為好，不宜施肥，以免爛根，同時宜略加遮蔭。秋後搬入室內養護，宜放陽光充足和通風場所，嚴格控制澆水。冬季室溫保持5℃以上，在冬季不很寒冷或在室內有取暖條件的地區，將盆栽蘆薈搬放室內，一般都能安全越冬。使盆土稍乾，一般1月澆水1～2次即可，室內不是特別乾燥可以不澆水，濕度過大易受凍害，導致根葉腐爛。

常用分株與扦插法繁殖。分株於春天結合換盆，將母株周圍生出的幼株，單獨上盆即可。扦插，一些沒有生根的幼株，可用作插穗，

花博士提示

　　蘆薈最怕積水，澆水寧乾勿濕，不乾不澆，澆則澆透，盆土見乾也見濕。

2.養花技術

去掉基葉片，待切口乾燥後，插於濕潤的基質內，放半陰的環境中，20～30 天即可生根。

有時發生炭疽病和灰霉病危害，可用 100% 抗菌劑 401 醋酸溶液 1000 倍液噴灑。蟲害有介殼蟲和粉虱危害，用 40% 速撲殺乳油 1000 倍液噴殺。

十二卷（*Haworthia fasciata*）別名條紋十二卷、蛇尾蘭、雉雞尾、錦雞尾。形態精緻秀麗，玲瓏小巧，白色斑紋，清新高雅，為優良的室內觀葉植物，可供案頭、茶几、窗臺陳設。

為百合科蘆薈族十二卷屬多年生常綠多漿植物，葉基生呈蓮座狀，葉片為長三角狀披針形，肥厚肉質，深綠色，有白色斑紋，葉背具白色瘤狀突起，成模紋樣。根據其星點的大小和排列方式還可見到點紋十二卷、無紋十二卷和斑馬條紋十二卷等品種。

原產南非。性喜溫暖乾燥、耐旱怕澇、怕低溫潮濕，稍耐寒；喜陽光充足，也很耐陰，在室內有較強散射光條件下能很好生長；冬季氣溫不低於 5℃，就可安全越冬。土壤以疏鬆、肥沃、排水好的沙壤土為宜。

盆栽時要用排水良好的土壤栽培，排水不暢會引起根部腐爛，盆土可用腐葉土與沙各半混合配製。由於根系淺，栽培時宜淺不宜太深。新植幼苗要扣水，待新根長出後，再適當增加澆水量，只需保持土壤稍濕潤即

常見花卉栽培

可，稍乾也無妨。生長期盆土保持適度濕潤即可，不可過乾過濕。不好肥，生長季節每月施 1 次餅肥水，10 月份以後停止施肥。盛夏和秋季陽光強烈時要適度遮蔭，但若光線過弱，葉片退化縮小。冬季移入室內後要保證有充足的光照。冬季和盛夏半休眠期，宜乾燥，冬天盆土過濕，易引起根部腐爛和葉片萎縮，嚴格控制澆水。越冬溫度 10℃ 以上為宜。可耐 5℃ 溫度。

常用分株和扦插繁殖。分株，全年均可進行，一般在春季結合換盆，剝離母株旁分生的小植株，直接上盆栽植。扦插，5～6 月將肉質葉片輕輕切下，基部帶上半木質化部分，插於沙床，約 20～25 天可生根。根長 2～3 公分時可盆栽。

病蟲害：有時發生根腐病和褐斑病危害，可用 80% 大生 M-45 可濕性粉劑 800 倍液噴灑。蟲害有粉虱和介殼蟲危害，用 40% 速撲殺乳油 1000 倍液噴殺。

垂盆草（*Sedum sarmentosum*）別名狗牙齒、鼠牙半支蓮、柔枝景天、爬景天、匐莖佛甲草。其綠色期長，是較好的耐陰地被植物。但因它的葉子質地肥厚多汁，不耐踐踏，故只宜在封閉式綠地上或屋頂上種植。也可作盆景、花壇的材料。

為景天科景天屬多年生草本，高 10～20 公分，整株光滑無毛。莖匐匐，黃綠色，易生根；葉肉質，花小，黃色。花期 5～6 月。種子細小，卵圓形。

主產北半球溫帶與寒帶，中國吉林、河北、陝西、四川省及華東等地區也有分布。喜半陰、耐寒，耐旱，耐濕，耐瘠薄。不擇土壤，喜肥沃的黑沙土壤。

垂盆草生長力特強，能節節生根。為預防夏季高溫日曬，宜選適當的樹行空間處培育。養護管理簡便，乾旱期間要保持土壤濕潤，最好適當地追施液肥。

扦插和分根法繁殖，管理粗放。一般於4～5月或秋季，用匍匐枝作分根繁殖。

同屬另有：佛甲草（*S. lineare*）：莖幼時直立，後下垂匍匐，肉質，柔軟，呈叢生狀。葉肉質，在陰處為綠色，充分日照下則呈黃綠色。花小巧玲瓏，黃色，花期5～6月。株形小巧秀美，適應性強，容易栽培。用播種、扦插繁殖。原產中國、日本。性喜溫暖，好陽光也耐陰、耐旱、耐寒、耐瘠薄，對土壤要求不嚴。園林中多作地被和立體花壇的材料。

翡翠珠（*Senecio rowleyanus＝Kleinia rowleyanus*）別名一串珠、綠串珠、綠之鈴、項鏈花。球形綠葉宛如串串珠翠，為很受喜愛的觀葉植物，特別適合吊掛吊盆栽培。晶瑩碧綠的葉片在陽光映襯下別有情趣。

為菊科千里光屬（肉菊屬）多年生肉質植物。莖細長，稍肉質，蔓性，垂吊可達60～100公分，葉互生，圓球形，翠綠色。一顆顆小球整齊的排列在細莖上，好似串串綠色的珠鏈。花小，白色。頭狀花序，小花白色、柱頭深紫色。花期9～11月。

原產南非納米比亞。生性強健，需有明亮的光照，但不能陽光直射，也耐半陰。喜好涼爽環境，怕高溫潮濕，不耐寒，生長適溫為 15～22℃。耐乾旱，忌積水。適於各類土壤，但以疏鬆的沙壤土為好。

換盆在春季生長前進行。翡翠珠根系較淺，栽培土壤必須排水良好，疏鬆透氣。栽種時盆底需多放些瓦片或礫石，再加入排水性好的粗沙或梭櫚碎，然後加土種植。另外還應富含營養，若養分不足，球形葉片會變小，觀賞價值降低。

栽種場所，室內栽種把它懸掛在光線最明亮的地方。夏季宜遮蔭、避雨，避免陽光直射。

夏季休眠，減少澆水，以免葉片易腐爛。冬季注意防寒，最好保持 10℃ 以上，盡量少澆水。春秋是生長季節，生長快，水肥也要注意控制。保持盆土濕潤即可，切勿積水，可施淡肥 3～4 次。保持一定的空氣濕度，以使葉長得飽滿。

另外，綠串珠花的觀賞價值較其葉為低，可在花期連同花梗一併摘除，以集中養分供給葉片。生長適溫為 15～20℃，超過 30℃ 生長緩慢或發生短期休眠，越冬溫度保持在 5℃ 以上。

花博士提示

水分管理是種植翡翠珠成功的關鍵。初種者往往因澆水過多或排水不良而失敗。由於其葉片肉質多漿，耐旱力相當強，澆水不能過多，若盆土濕度過大，易導致根部及葉片腐爛。故澆水應特別小心，寧乾勿濕，基質必須透水通氣良好。

2. 養花技術

扦插或分株繁殖，春季至秋季均可進行，易生根。將莖剪段平鋪在腐葉土和桫欏碎屑混合的介質上，稍噴水保持微濕潤，莖節處不久即會生根，並長出新葉。

由於莖蔓易生氣根，可剪取帶氣根的莖蔓，將氣根埋入基質中，極易成活。4～5根莖栽入一盆，管理得當，當年即可成形。

生石花（*Lithops spp*）別名石頭花、象蹄、元寶、女仙等。外形和色澤酷似彩色卵石，品種繁多，色彩繽紛，嬌小玲瓏，享有「生命寶石」之美稱。

為番杏科生石花屬多年生肉質草本。群生。無莖。葉高度肉質變態，對生，兩片聯結成為頂部扁平的倒圓錐形或筒形球體，幼時中央只有一孔，長成後中間呈縫狀。葉面有色彩不一的半透明狀結構，灰綠色或灰褐色；新的2片葉與原有老葉交互對生，並代替老葉；葉頂部色彩及花紋變化豐富，色彩美麗。花從頂部中央縫中抽出，無柄，花色有紅、粉、黃、白、紫等。午後開放。花期4～6月，單花可開7～10天。園藝品種很多。種子細小。其生長過程也很奇特，靠蛻皮生長，靠分裂繁殖頭數。由一株逐步分裂成群生株，需要幾年時間。

原產南非和西非。喜溫暖，不耐寒；喜陽光充足，忌強光直射，稍耐陰；喜乾燥、通風環境，宜疏鬆的中性沙壤土。生長適溫為20～24℃，冬季溫度不低於12℃。雨季生長，旱季休眠。

用疏鬆、排水好的沙質壤土栽培。盆栽生石花，根系少而淺，周圍可放色彩鮮艷的卵石，既起支持作用，又可增加觀賞效

果。

生石花幼苗養護較困難，喜冬暖夏涼氣候。每年 3～4 月長出新的球體狀葉片時，老的球狀葉逐漸萎縮，夏季新的球狀葉越長越厚，始終保持 2 片球狀葉。生長期需較多的水分，但不能過濕。同時每半月施肥 1 次，但肥液絕不能沾污球狀葉，最好用洇水法澆水施肥，以防水從頂部流入葉縫，造成腐爛。

進入夏季，生石花開始逐漸進入休眠狀態，此時往往高溫多濕，對生石花生長極為不利。要嚴格控制澆水，尤其不要在陰雨天澆水，寧乾勿濕，盡量保持土壤的乾燥，使它們逐漸適應高溫天氣。可適度遮蔭，減少陽光直射，並加強通風。但過度遮蔭對生石花生長也不利，適度接受陽光，可使植株在恢復生長時更加健壯。

初秋，夜溫有所下降，但白天氣溫仍高，不要急於澆水。 9 月上旬夜晚氣溫明顯變涼，有些植株出現生長跡象，這時澆水也要少，當氣溫在 25℃ 以下時，可以適當補充水分，以恢復夏季的水分不足，澆水要先少量，植株完全恢復生長後，再恢復正常澆水。並補充一次肥料，肥要淡些，不要將肥施在植株上，為以後的生長和開花作好準備。下旬逐步減少遮蔭程度，直至完全不遮蔭，這樣植株才能在陽光下健康生長。9 月以後，大部分植株都進入了又一輪生長旺盛時期，可以恢復正常管理了。秋季開花後暫停施肥。冬季休眠，放陽光充足處養護，越冬溫度 10℃ 以上。可不澆水，過乾時噴些水即可。1～2 月是蛻皮旺盛時期。

常用播種繁殖。收到生石花種子時，應該立即播種，推遲播種的種子發芽率會降低，一般春播在 4～5 月，秋播在 10 月上旬晴天上午最宜。播種溫度控制在 10～25℃ 之間。種子細小，採用室內淺盆播種，播種用土，應疏鬆透氣，保水性能好，有一定的營養，無病菌，最好事先消毒，因為生石花幼苗很小，早期移植操作不便，一般不宜採用純沙和無土栽培介質。土壤厚度約 10 公分以下，盆上留邊 2～3 公分。用洇水法給水，等土壤完全浸濕後，放在通風狀況下 2～3 天，再播種。 土壤表面撒一層沙子，用水將沙子噴濕。將種子均勻地撒在沙子上，可先用細乾沙拌勻，再撒播。種子要播得適當密些，不必覆土，用玻璃片將盆蓋上，保持濕度。放在溫暖濕潤和能曬到陽光的地方， 30℃ 以上要遮蔭。播後約 7～10 天發芽，幼苗很小，生長遲緩，管理必須謹慎。實生苗需 2～3 年才能開花。

主要發生葉斑病、葉腐病危害，可用 65% 代森鋅可濕性粉劑 600 倍液噴灑。蟲害有蟎蟻和根結線蟲危害，用換土法減少線蟲侵害。防止蟎蟻，可用套盆隔水養護，阻止蟎蟻侵襲。

美麗石蓮花（*Echeveria elegans*）別名雅致石蓮花、月影、美麗蓮花掌。適合家庭盆栽。在氣候適宜的地方可以布置成圖案式花壇。在冬季溫暖地區，是布置岩石園的良好材料。

為景天科石蓮花屬多年生肉質草本。葉直立，稍內彎，排列緊密，成蓮花狀；倒卵形，頂端具短銳尖，無毛，被白粉，呈粉藍色，葉緣紅色，稍透明。總狀花序，花粉紅色，花瓣不開張，呈鈴狀。花期 7～10 月。

原產墨西哥高原地區。喜光照充足，冬暖夏涼，耐乾旱；要求疏鬆肥沃、排水良好的沙壤土。

盆土可以壤土、腐葉土和粗沙等量混合而成。為保證排水通暢，上盆時，盆底應墊以粗粒狀的排水物。夏季放室外栽培，在雨水不太多的地方可以直接放露地培養。保持濕潤，每半月追施腐熟的稀薄液肥 1 次。高溫期要加強通風，減少澆水，如看到老葉萎縮，澆水則會導致腐爛。老株應及時修剪，將蓮座葉盤切下扦插，有新根的植株抵抗性較好。秋末入溫室，放於光線充足處，保持冷涼。冬季溫度要求保持 10℃ 左右，並充分見陽光，盆土可稍乾燥。每年換盆 1 次。

多行扦插繁殖，選用植株基部萌生的蓮座狀葉叢或用葉片扦插都易成活。亦可播種。

通風不良，易發生介殼蟲危害。夏季乾熱，易發生紅蜘蛛為害，應注意防治。

翡翠景天（*Sedum morganianum*）別名松鼠尾、白葡萄景天、串珠草。常見的多年生肉質多漿植物。葉片肉質排列緊密，形似松鼠尾巴。用於盆栽或吊盆懸掛，常多條密生淺綠色肉質肥厚葉懸掛盆緣，春季開玫瑰紅小花，非常別緻，常用於盆栽或室內懸垂吊盆，十分適合點綴窗臺、案

頭和書桌，小巧玲瓏，青翠悅目。

原產地為亞灌木，自基部產生多分枝，分枝不久轉向平臥而匍匐，盆栽則懸垂，長達 50 公分，淡綠色，被白粉。葉長圓錐狀，基部稍彎曲，先端尖，長 1.5～2.5 公分，淺綠色，幼葉滿被白粉，易脫落。花少數，頂生，紫紅色。在栽培中產生有圓葉的變種（小玉珠簾）。

原產墨西哥。喜溫暖乾燥和陽光充足環境。不耐寒，耐乾旱，不耐水濕，耐半陰，怕強光暴曬，耐瘠抗旱。宜肥沃、疏鬆和排水良好的沙壤土。冬季室內溫度 5℃以上可越冬。

翡翠景天適應性強，栽培管理較粗放。室內盆栽，多選用草炭土、細沙等量混合配製的培養土。在陽光充足和散射光下生長快，陽光不足，莖葉容易徒長，葉片稀疏，影響觀賞效果。盆土保持稍乾燥，夏季高溫期呈半休眠狀態，澆水不宜多，如果盆土過濕或通風不好，極易引起葉子脫落或腐爛。盆栽觀賞要少搬動，其小葉極易碰撞脫落，影響株態美觀。每年換盆時要修剪整形，3～4 年老株需更新。

常用扦插繁殖，全年都可進行，但以莖葉生長期扦插最好。一般以帶葉頂枝扦插，剪取 5～10 公分長莖葉插入沙床。大量繁殖取成熟葉平置土面，略壓入土內，不久基部即生根、出苗成小株。或用肉質小葉，撒落在濕沙上，插後 30～40 天生根，待長出新枝葉後，栽 8 公分盆。

有時發生白絹病為害，可用 25%敵力脫 3000 倍液或 12.5%烯唑醇 1000 倍液噴灑。蟲害有蚜蟲，可用煙參鹼 500 倍液噴殺。

吊金錢（*Ceropgia woodii*）別名吊燈花、臘泉花、愛之蔓、心心相印、鴿蔓花等。其莖蔓柔軟纖細，吊掛觀賞，如串串金錢垂掛，隨風搖曳，輕盈瀟灑，非常適於盆栽作家中廳堂的懸掛裝飾或壁掛裝飾；也可攀附支架，形成各種造型，玲瓏雅致，別具特色。常見栽培的還有近緣植物貝麗臘泉、細莖臘泉、雙叉吊金錢、薄雲等，也有較高的觀賞價值。

為蘿藦科吊燈花屬多年生常綠草本，全體光滑無毛，莖極纖細，呈細線狀，匍匐生長或下垂生長，常在節處長出球形肉質珠芽，稱為「零餘子」。葉對生，肥厚多肉，灰綠色，葉脈銀灰色，葉背灰綠而帶赤紫色。花小，藍紫色，單生或叢生於葉腋，蕾期花瓣頂部相連，形似燈籠，花後結細長羊角狀的蓇葖果，盆栽通常不結實。花期長，5月至秋開放。

原產南非，中國各地多有盆栽，南方較常見。喜溫暖、濕潤環境，喜半陰及明亮的散射光，忌強烈日光直射，耐寒力差，忌炎熱；喜排水良好的沙礫土，忌濕澇。生長適溫為18～25℃，10℃以下生長停頓呈休眠狀，越冬溫度不得低於5℃。

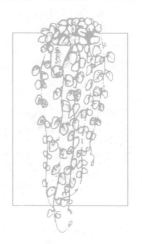

盆栽土壤以排水良好的沙質壤土最好。家庭栽培可採用疏鬆的腐葉土或泥炭土與園土混合配製，可加入適量的沙礫土，以利排水。最好能消毒以免滋生病蟲害。視花盆大小，每盆種植3～5株。家

庭蒔養夏季應放置或吊掛在半陰處，切忌陽光直射；澆水也不宜過多過勤，吊金錢耐旱力強，不澆水能生活多日，但若漬水則很容易引起肉質莖葉腐爛。生長期每半個月施 1 次稀薄液肥，有利於莖蔓生長繁茂，增強觀賞價值。成年植株每年換盆 1 次。

以扦插繁殖為主，極易成活。剪取莖蔓 2～3 節，直接插於沙床中，澆水後放於半陰的環境下， 10～15 天左右即可生根。也可採用小塊莖進行栽種，將零餘子摘下淺埋於土中或連同枝葉一起剪下扦插，約 20～30 天可生根萌芽，這樣的幼苗生長更快，小塊莖在土中常生長膨大為地下塊莖。此外，還可以壓條、播種方法繁殖。

病蟲害較少見，防止漬水腐爛。

提示：別與錦葵科木槿屬的一種常綠灌木──吊燈花弄錯哦。

長壽花(*Kalanchoe blossfeldiana*「*Tom Thumb*」)別名壽星花、假川連、聖誕伽藍菜、矮生伽藍菜、紅落地生根。植株小巧玲瓏，株型緊湊，葉片翠綠，花朵緊湊密集，花色豐富艷麗，花期長久，布置窗臺、書桌、案頭，無所不宜，是優良的室內觀花觀葉植物。花期又適逢聖誕、元旦和春節，花名長壽，寓意吉祥，贈送親朋好友，非常討人喜愛。用於公共場所的群體擺放，露地花壇鑲邊，其整體觀賞效果亦極佳。

為景天科伽藍菜屬多年生肉質草本。莖直立，株高 10～30 公分，光滑無毛；葉肉質肥厚，深綠，邊緣略帶紅色。花多，顏色有緋紅色、桃紅、粉紅、紫紅、橙黃等，簇生成團，整體觀賞

效果甚佳。花期 2～5 月。

原產非洲馬達加斯加島陽光充足的熱帶地區。性極強健，喜陽光充足，亦耐半陰。喜冬暖夏涼，生長適溫 15～25℃，低於 5℃ 生長受阻，0℃ 左右受凍死亡，30℃ 以上則生長變慢。如溫度保持在 15℃ 左右，則可持續開花不斷。耐乾旱，對土壤要求不嚴，以疏鬆肥沃的沙壤土為好。

生長勢強健，栽培容易。生長較快，最好每年春天換盆 1 次。盆栽用疏鬆的腐殖土或泥炭土。

盆栽後，在稍濕潤環境下生長較旺盛，節間不斷生出淡紅色氣生根。生長季節要經常澆水，每半月施腐熟液肥或復合肥料 1 次，以氮肥為主，濃度 0.3%左右。進行 1～2 次摘心，控制株型株高，促使多分枝，多開花。

在定植 2 週後用 0.2%B9 噴灑 1 次，株高 12 公分再噴 1 次，也能有效地控制植株高度，達到株美、葉綠、花多的效果。保證充足的光照，使其生長緊湊壯實。

盛夏要控制澆水，注意通風，若高溫多濕，葉片易腐爛、脫落。氣溫達 30℃ 以上時，生長遲緩，應適當遮蔭。10～11 月形成花芽，從 9 月中旬開始每隔 10 天左右澆施 1 次磷鉀肥，少施或不施氮肥，土壤濕度以 50%左右為宜。土壤濕度過大，氮肥過多會造成枝葉徒長，不利於花芽分化。花芽分化的適宜溫度為 15～18℃，11 月上旬入日光溫室，保證花芽分化對溫度的要求和充足的光照。

白天溫度超過 25℃ 時通風換氣，夜間不低於 10℃ 即可。光照不足影響花芽分化，花色不艷，花數減少。越冬期間要防止凍害的發生。長壽花耐低溫的能力較強，5℃ 以上就能安全越冬。開花前室溫最好保持在 12～15℃，溫度偏低，葉片變紅，花期延遲。土壤濕度

以 30% 左右較適宜，停止施肥。當春季氣溫回升、花序開始伸長時，逐漸增加肥水。出室一週前應進行低溫鍛鍊，即逐漸加大通風量，降低室溫，以使其適應外界的環境。

　　多用扦插法繁殖。春夏秋季都可進行，在 5～6 月或 9～10 月進行效果最好。選擇稍成熟的嫩枝，剪取 6～8 公分長，插於濕潤的素沙中，20～30℃ 的條件下，10～15 天即可生根；也可 5～6 月在露地扦插、成活後就地旺盛生長、秋天再上盆放室內養護；此外，為了加快生根，還可先將嫩枝在剪口處剪傷而不剪離母體，約 15 天即生出氣生根，當氣生根長 1 公分時再將插條剪離母體直接種植在花盆中，每盆 1 株，成活率極高。

　　也可用葉片扦插，將健壯充實的葉片從葉柄處剪下，待切口稍乾燥後斜插或平放沙床上，保持微潮，約 10～15 天，可從葉片基部生根，並長出新植株。

　　主要有白粉病的葉枯病危害，用 4% 農抗 120 水劑 500 倍液噴灑。蟲害有介殼蟲和蚜蟲危害，可用 48% 樂斯本乳油 1000 倍液噴殺。

虎尾蘭（*Sansevieria trifasciata*）別名虎皮蘭、虎皮掌、虎皮、千歲蘭。葉色常年碧綠，斑紋奇特，葉片直立如劍，氣質剛強，春夏開花，柱狀花莖上開滿白色小花，清香撲鼻，是一種栽培比較普遍的多漿植物。若配置精細瓷筒種植，擺於案頭或書架上，猶如綠色羽毛插於筆筒，別有韻味。還能吸收裝飾材料中散出的甲醛，減少室內的污染，淨化室內空氣。

為龍舌蘭科虎尾蘭屬多年生草本，地下部為根狀莖。葉片多肉質，長30～40公分，葉形縱向捲曲，成半筒狀，色綠，上有隱約黑綠橫條紋，似老虎尾巴，故名虎尾蘭。花序自地下莖生出，直立，花白色。

原產斯里蘭卡及印度東部熱帶乾旱地區。性強健、喜溫暖、光照充足的乾燥環境。不耐寒，生長適溫20～30℃，冬季適溫10～15℃，不能低於5℃；耐半陰，怕強光暴曬；耐乾旱，忌積水，較耐通風不良。宜排水良好、疏鬆、肥沃的沙壤土。

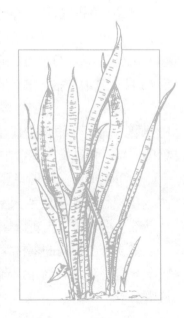

虎尾蘭適應性強，管理簡單，不擇土質，但以肥沃的腐葉壤土為佳，盆土可用園土、腐葉土、河沙加少量腐熟的乾牛糞等混合而成。

種植以半日照通風處為最好。夏季稍加遮蔭，避免直射光照，則葉片

鮮嫩翠綠。其他季節應給予充足光照，光照不足葉片發暗，斑紋褪色，觀賞性變差。冬季放室內養護，陽光充足，可繼續生長。

花博士提示

需注意的一點是：帶金邊的虎尾蘭，葉插繁殖時金邊易消失。若扦插株能保留葉鞘及根莖部，或留取的葉段稍長一些，或分株繁殖均能使繁殖出的虎尾蘭保持原有金邊。

虎尾蘭性喜高溫多濕，亦極耐旱，盆底排水力求良好。移栽幼苗不宜澆水過多，高溫多濕易引起根莖腐爛，除夏季高溫期應適當澆水外，其他季節只要保持盆上乾乾濕濕即可，晚秋到春季減少澆水。入冬後應控制澆水，盆土寧乾勿濕。雖然在5℃以上就能安全過冬，室溫還是保持10℃以上為妥。

低溫下多濕引起根莖受凍枯萎，是造成冬季植株死亡的主要原因。

生長期間可每月施肥1次，腐熟堆肥或復合肥均可。

常用分株和扦插繁殖。分株，全年都可進行，以4～5月為佳，結合換盆切割根莖，每株帶3～4片葉，分後立即上盆，盆土不宜太濕，否則根莖傷口易感染腐爛。扦插，春至夏季為適期，以5～6月為好，成活率高，選取健壯葉片，剪切成10公分左右長的小段，稍曬乾，然後淺插入素沙土中，保持濕度，經過大約4週時間，就會從基部萌發鬚根，長出地下根狀莖，由根狀莖的頂芽長出一棵新的植株，待新芽頂出沙床10公分時，即可移栽上盆。

常有炭疽病、葉斑病危害，用80%炭疽福美可濕性粉劑800倍液或50%福美雙可濕性粉劑600倍液噴灑。蟲害有象鼻蟲危害，用50%殺螟松乳油1000倍液噴殺。

常見花卉栽培

酒瓶蘭（*Nolina recuryata*）別名象腿樹。樹幹膨大而奇特，新穎別致，葉姿婆娑，情趣誘人。幼苗盆栽常點綴居室、客廳，珍奇雅緻。大型盆栽布置廳堂、賓館、商場等公共場所擺設，奇特造型，氣派非凡。在溫室布置可體現出熱帶風光。在氣候適宜地區，也可露地種植，作為風景樹種裝飾公園或廣場綠地。

為龍舌蘭科酒瓶蘭屬常綠樹狀多漿植物，莖幹直立，高可達2～3公尺，在原產地為常綠小喬木，株高可達10公尺。基部膨大，直徑可達1公尺。基部往上漸細，酷似酒瓶。膨大部分具有厚木栓層的樹皮，且龜裂成小方塊。葉簇生莖幹頂部，線形，柔飄下垂，長1公尺以上，稍革質，藍綠色或灰綠色。圓錐花序很高，小花白色。

原產墨西哥。喜溫暖、陽光充足的環境。對土壤要求不嚴，喜肥沃疏鬆的沙質壤土。較喜肥，耐土壤乾燥。稍耐寒，能耐5℃低溫，保持盆土乾燥，0℃以上即不會受凍。

酒瓶蘭栽培容易。通常每年春季換盆1次，選用高腰盆栽植。盆栽時，可用園土、沙土混合後施入適量的骨粉而配製的培養土。酒瓶蘭特別耐乾旱，莖幹貯水可供植株本身消耗1年，即使半年不澆，仍能正常生長。但生長季節仍應保證良好的肥水供應，可充分澆水，保

2. 養花技術

持較高的空氣濕度，並每 2～3 週追施 1 次腐熟的稀薄餅肥水，以促進莖基部膨大，提高觀賞效果。缺肥時葉薄色淡生長遲緩，空氣乾燥易引起葉尖枯黃。應保證充足的光照，否則容易徒長。夏季減少澆水，室外養護，需適當遮蔭。冬季需搬室內栽培，放置陽光充足之處。如培養土排水良好，春至秋季放室外栽培也不怕淋雨。生長適溫為 16～26℃。

主要用播種繁殖，也可進行扦插。播種，在 3～4 月進行，播後約 20～25 天發芽。苗高 4～5 公分時盆栽，幼苗生長緩慢，第二年可供觀賞。扦插，在春季選取母株自然蘖生的側枝作插穗，切下稍曬乾後插於沙床內，增加空氣濕度，插後約 15～20 天可生根。

有時發生葉斑病危害，每半個月噴灑 1 次 14%絡氨銅水劑 300 倍液。蟲害有盲蝽、粉虱和介殼蟲危害，可用 40%速撲殺乳油 1000 倍液噴殺。

龍舌蘭（*Agave americana*）屬龍舌蘭科，在地上無幹，常發生多數地下匍匐莖，莖上生分蘖。葉呈線狀披針形，長 1～2 公尺，寬 20 公分左右，呈灰綠色，質厚，葉緣密生緣刺。

龍舌蘭要經 50～60 年才開花，故溫室栽培很少見開花，往往結實後，母株就枯死。耐寒力較強，冬季溫度保持 4～5℃即可安全越冬。喜陽光充足，夏季可置於露地陽光下培養，或供布置花壇用。用分蘖法繁殖，將新蘖自基部切取，插入沙質土中即能生根。喜輕鬆、排水良好的培養土。性耐乾燥，忌潮濕，夏季可適當灌水，越冬時宜保持乾燥。

香草植物

薄荷（*Mentha arvensis*）別名蘇薄荷，仁丹草、魚香草。地栽作潮濕低窪地地被。盆栽作為香草植物觀賞。葉子可作為蔬菜，在歐洲普遍用來泡茶。也可以在醬汁、飲料、涼菜、刀豆、土豆的料理或魚肉料理中使用，做點心時也使用。抽出的精油是糖果、口香糖、製藥、牙膏、香皂中的重要的香油。在熱帶作為藥用時，葉汁和元蔥一起使用，可抑制嘔吐，精油可作除臭驅風藥。同屬常見的還有留蘭香（*Mentha spicatal L.*）、胡椒薄荷（也稱西洋薄荷）、中國薄荷和唇萼薄荷等，它們是目前世界上最流行的薄荷。

為唇形科薄荷屬多年生宿根性草本。株高30～60公分，全株含油質，具香氣。莖下部匍匐，節上生根，上部直立，方形，顏色青色或紫色。易生地下莖，習慣上常稱為種根。葉對生，披針形或橢圓形；葉色有綠色、暗綠色和灰綠色等，兩面都有毛及油腺點，以下表皮為多，用手揉碎後，有強烈的清香氣和辛涼感。輪傘花序腋生，球形，花朵較小。花冠為淡紅色、淡紫色或乳白色，花淡紫色，花期8～9月。果實為小堅果，長圓狀卵形，種子很小，淡褐色，千粒重0.1克左右。

原產亞洲東北部，分布中國各地。耐寒性強；喜陽光充足、濕潤環境；適應性強，對土質無嚴格要求，一般土壤均可種植，但以疏鬆肥沃、喜富含有機質的壤土為佳，不宜連作。

薄荷生於河溝邊或山野潮濕地，現多為藥農大面積種植。家庭盆栽薄荷也極簡便。可於 3～4 月間挖取粗壯根狀莖，剪成長 8 公分左右的根段，埋入盆土中，經 20 天左右就能長出新株。也可在 5～6 月剪取嫩莖頭遮蔭扦插。

薄荷根系發達，每年春季翻盆換土時，可分離出大量的植株。平時保持盆土偏濕。施肥以氮肥為主，磷鉀為輔，薄肥勤施。

主要用根莖繁殖，挖出地下根莖後，選擇節間短，色白、粗壯，無病蟲害者作種根。薄荷的根莖無休眠期，只要條件適宜，四季均可播種，一般在春秋進行。也可用扦插繁殖和種子繁殖。

病害主要有：

①鏽病：5 月多雨季節易發，為害葉片。

防治方法：處理病株；發病初期用 25%粉鏽寧 1000 倍液噴霧。

②白星病：5～10 月發生，為害葉片。

防治方法：發病初期用 50%多菌靈 1000 倍液噴霧，或與 1：1：120 倍的波爾多液交替噴治。

蟲害主要有小地老虎和銀紋夜蛾和斜紋夜蛾的幼蟲等，為害莖葉。小地老虎，可用 40%辛硫磷 500 倍液澆穴毒殺；銀紋夜蛾和斜紋夜蛾，利用其假死性進行捕殺，或用 2.5%功夫 3000 倍液噴治。

薰衣草（*Lavandula angustifolia Mill.*）別名英國薰衣草、狹葉薰衣草。全株具清淡香氣，將其栽培在庭院及公共場所，葉形花色優美典雅，其香氣能醒腦明目，使人有舒適感，還能起到驅除蚊蠅的效果。植株曬乾後香氣不變，花穗可製成乾花泡茶飲用，也可製成香包或加入面團中烘焙餅乾，新鮮的花可製成香料奶油或果醬。由其花穗提煉製成的精油，是一種名貴的天然香料，其香氣清爽，芬芳宜人。廣泛地應用於香波、香皂、花露等多種日用品中。

　　為唇形科薰衣草屬多年生耐寒亞灌木，全株都有芳香氣味。莖直立，其株高 30～40 公分，葉片狹窄，灰綠色，橢圓形披尖葉，穗狀花序，花序長 5～15 公分，花色因品種而異有藍、淡紫、紫、濃紫及白色等，以藍色最普遍。穗狀花序，花紫藍色，花期 6～8 月。

　　薰衣草原產於地中海沿岸及大洋洲列島。喜日照充足，通風良好及涼爽的氣候，不喜炎熱潮濕的天氣。耐寒、耐熱、耐旱，忌漬澇、耐瘠薄、抗鹽鹼。對土壤要求不嚴，但育苗時應使用肥沃疏鬆的壤土，適宜於微鹼性或中性的土質。最佳的發芽溫度為 18～22℃，在 5～30℃ 均可生長。長期高於 38～40℃ 頂部莖葉枯黃。北方冬季長期在 0℃ 以下即開始休眠，休眠時成苗可耐 -25℃ 的低溫。

　　薰衣草不喜歡根部常有水滯留，栽培用土需排水良好，盆栽可以使用園土、黃沙、泥炭、充分腐熟的有機肥以 4：3：2：1 混合後使用。如果是露地栽培時要注意土壤的排水，可將土堆高成畦後再種植。

栽培的場所需日照充足，通風良好。以全日照的環境為佳，半日照亦可生長，但開花較稀少。澆水忌多，盆栽時澆水不宜太勤或保水過久以免根部腐爛，需盆中土壤乾燥後再澆，澆水時盡量不要澆到葉子及花，室外栽種時要注意不要讓雨水直接淋在植株上，否則易腐爛且滋生病蟲害。預防過濕可使用透氣性好的瓦盆或使用較小的塑料盆，不宜使用大盆，除非已生長到相當的大小，因使用小盆的緣故，需注意適時澆水避免過乾現象發生，施肥以少量多次為佳，可以1%氮磷鉀三元復合肥澆灌，每月1～2次即可。

　　薰衣草性喜冷涼或溫暖的氣候，不耐高溫潮濕，五月以後需移置陽光無法直射的場所，增加通風程度以降低環境溫度，保持涼爽，以安然度夏。

　　定期摘心修剪，有利側芽成長植株茂盛，開完花後必須進行修剪，可將植株修剪為原來的2／3，株型會較結實，並有利於生長。一花梗開至2／3時，就可剪下陰乾以供芳香療法或精油療法使用，甚至拿來薰衣。

　　主要有播種、扦插、壓條、分根等方法。多採用扦插的辦法，這樣可以保持母本的優良性狀。

　　扦插在春、秋季均可進行，即使是夏季，採用嫩枝扦插也是可行的，一般在春季進行扦插最好。在發育健旺的良種植株上，選取未抽穗的節距短而粗壯的一年生半木質化枝條，截取頂端8～10公分作為插穗，將底部2節的葉片去除。插穗的切口應靠近莖節處，力求平滑。插水2小時後再扦插於土中，約2～3星期就會生根。扦插的介質可用2／3的粗沙混合1／3的泥炭。可採用地膜覆蓋扦插，提高地溫，以促進根系發達；扦插後，應勤修剪延伸枝和及時摘除花穗，促進分枝，培育壯苗。

播種可在每年的春天（3～6 月）或秋天（9～11 月）進行，發芽天數約 15 天。播種育苗一般選春季為佳。種子因有較長的休眠期，播種之前應浸種 12 小時，再用 20ppm～50ppm 赤霉素浸種 2 小時，然後播種。播種深 0.2～0.4 公分，保持 15～25℃，要求苗床濕潤，約 10 天即出苗。如果不用赤霉素處理則要一個月方能發芽。

　　植物本身具有防蟲效果，幾乎沒有病蟲害，不用噴灑農藥。高溫積水易得根腐病，可用多菌靈、百菌清 800 倍液灌根，加強通風，避免積水。

　　蚊淨香草（*Pelargonium*）別名驅蚊香草、驅蚊樹。株形秀麗，大小適合，葉形美觀，氣味芳香，管理簡單，適應性強。能驅蚊、消除異味，令人心情舒暢、心曠神怡。特別適合於家庭栽培，在家庭的居室、客廳的向陽窗臺、以及陽臺的窗前等，均可擺放蚊淨香草。一盆冠幅 20～30 公分的蚊淨香草有效驅蚊面積可達 10 多平方公尺，驅避蚊蟲達百種之多。

　　為牻牛兒苗科天竺葵屬蚊淨香草由竺葵與香茅草經過細胞雜交再生而得來，形態學上與天竺葵屬植物基本相同。為多年生常綠草本。植株高 1 公尺左右，莖稍多汁。葉互生，邊緣有波形的鈍鋸齒，葉片肥大深綠，葉面光滑，葉氣孔大而密布於葉片，具有較強的釋放香氣的功能。傘形花序生於嫩枝頂部，小花數朵至數十朵，粉紅色，花序柄長可達 20 公分，花不育，不能結實。

　　蚊淨香草對生長環境的綜合要求是：喜陽光充足、喜溫暖、

喜通風良好；怕過濕，特別是怕土壤積水；要求富含有機質的肥沃土壤，須排水良好。不耐寒，也不耐暑熱，盛夏季節生長緩慢。稍耐空氣乾燥，耐土壤乾旱，而怕高溫、高濕的氣候。若高溫、高濕，則根部容易腐爛，同時在高溫環境下植株容易休眠而停止生長。喜中性偏酸的土壤，養護管理簡便，主要應掌握以下幾點：

　　淨香草幼苗期生長極快，換盆較勤，1個月、2個月、4個月、6個月各一次，盆土用泥炭土6份、蛭石15份、珍珠岩1.5份、煤灰1份自配專用營養土，pH值中性；6個月以後植株適應性極強，可隨意用土。但忌偏鹼性土，在種植中如遇盆土鹼化的問題，可換掉表土，添上新土，以降低鹼性。

　　蚊淨香草喜光，但又怕強光直射，新買的小苗應先置於光照柔和、通風良好的條件下，保持盆土濕潤，養幾天後進行緩苗，然後，正常管理。秋、冬、春三季均應放在有直射陽光的地方，在夏季可以放在稍有遮蔭的地方，讓其接受散射光。家庭盆栽一般放在室內蒔養，最好放在光照良好的窗臺或陽臺上。

　　每次換盆後應澆一次透水，緩苗15天後開始施肥。春秋季是植株生長旺盛期，應保證充足的水分供應，但不能積水，澆水要掌握「間乾間濕」的原則，一般每3～6天澆一次透水；施肥應掌握「薄肥勤施」的原則，一般15～20天施肥1次，可以採用 N：P：K 比為 20：10：20 和 14－0－14 水溶性復合肥200ppm液交替使用，或使用市場上有專用配方營養肥料。

　　夏季高溫宜放在高燥、通風處，少澆水，不施肥，有利於根

系發達，提高抗性。冬天必須放在室內，根據室內溫度澆水，室溫低宜少澆；室溫高可多澆，促進生長。如室溫比較高，也應注意施肥。營養不良、澆水過多、土壤太實會引起苗生長緩慢，葉子變黃，甚至脫落。施肥過量、盆土過乾、光照過強或空氣乾燥會引起葉子乾尖或葉片邊緣枯焦。氮肥過量而光線較弱時會引起枝葉徒長。

蚊淨香草最適宜生長溫度為 10～25℃，一般在 0℃ 以上即可安全越冬，7℃ 以下、32℃ 以上均不利於植物生長，3℃ 以下可能會受凍，35℃ 以上時常休眠。15℃ 以上即可正常散發檸檬香味，溫度越高散發香氣越多，適當向植物噴水霧，可使香茅醛物質源源不斷釋放，從而使驅蚊效果更佳。

在晚上，把蚊淨香草移入室內，關上窗打開門，用專用小型噴霧器把水均勻地噴在葉的正反面上，蚊淨香草就會自動散發出香氣，整個房間就會充滿一種檸檬香氣，讓您感到心情舒暢，蚊蟲卻逃之夭夭。驅蚊香草只有在得到充足的光照、適度的肥水後，它才會把清香的氣味釋放出來。植株莖高 30 公分左右、葉片數達 40 片以上時，驅蚊效果最好。

要及時除去黃葉、老葉。二年生植株主幹木質化，可進行修剪和根據個人愛好隨意人工造型。

蚊淨香草由於其花不育，不能進行有性繁殖。目前市場上的產品主要為脫毒苗離體組織培養而獲得。

扦插繁殖可於 10 月前後剪取 5 公分左右的莖段，用 10PPA 的 IAA 浸 15 分鐘後斜插於沙床上，用薄膜和遮陽網覆蓋，日噴水 3～5 次，10 天左右生根，20 天左右可上盆。

2. 養花技術

迷迭香（*Rosmarinus officinalis*）別名聖瑪麗亞的玫瑰。四季常綠，香氣強烈，含有強烈的生命力，是世界著名的香草植物，在古代被認為具有神的力量，所以，被遍植於教堂四周。又被國際香草協會選為千禧年香草（2000 Herb of the year），因此，將有更多人栽培或利用。有提神、醒腦、促進血液循環，調理貧血、強化肝及心臟功能和保健之功效。可用於烘焙西點、烹飪肉類，也可作醃肉、烤肉、飲料、沐浴的香料。

為唇形科迷迭香屬常綠多年生亞灌木，高度可達 170 公分左右，展幅也有 60～80 公分，葉呈狹長形似松針，邊緣反捲，灰綠色革質，乾燥後呈針狀，香氣十分濃郁。花朵十分細小，開放在葉縫之間。花色有藍色、淡紫、粉紅色、白色。品種有很多，大略分為直立種及匍匐種，栽培中以直立種多為主。

原產地中海沿岸。性喜乾燥涼爽的氣候。喜陽光充足、通風良好的環境，耐旱，耐寒，不喜高溫。宜排水透氣性良好的沙質土壤。

迷迭香性喜溫暖氣候，夏季高溫期生長緩慢，置於陰涼通風處。冬季沒有寒流的氣溫較適合它的生長，可置於室內以植物燈照射或放置於室外背風較溫暖之處。由於迷迭香細小葉片革質較能耐旱，因此對水分要求不高，栽種的土壤以富含沙質使能排水良好較有利於生長發育。

直立的品種很容易長高，在種植後開始生長時要及時剪去頂端，促使側芽萌發，以後再剪 2～3 次，這樣植株才會低矮整齊。由於迷迭香生長緩慢，再生能力不強，修剪時必須特別小

心，尤其老枝木質化的速度很快，
一下子太過分的強剪常常導致植株
無法再發芽，每次修剪時不要剪超

花博士提示

孕婦避免使用迷迭草。

過枝條長度的一半。迷迭香植株每個葉腋上的小芽都可能會發育
成枝條，造成枝條過於繁密雜亂，影響通風，要定期的疏剪整
理。

　　繁殖時發芽緩慢且發芽率差，據文獻記載若發芽溫度介於
20～24℃時，發芽率不到 30%，發芽時間長達 3～4 週，但如果
先於 20～24℃發芽 1 週後，再以 4℃溫度處理 4 週後，發芽率可
提高至 70%。扦插繁殖是既快又有保障的方法。取頂芽扦插，
放在陰涼的地方大約一個月後即可移植。

　　病蟲害較少，幼苗期防止蚜蟲、毒蛾等為害。

　　藿香（*Agastache rugosa*（*Fisch. et
Mey.*）*Kuntze.*）別名排香草、野蘇子、川
藿香、蘇藿香、野藿香。全草含藿香素、
藿香甙、薄荷酮等以及揮發油。可作風景
園林和花園地栽、花壇及大型容器栽培。
也是一種藥食兼用植物，4～6 月採摘嫩
莖葉或幼苗食用，多作配菜和炖菜調味；全草乾製後可供藥用。

　　為唇形科藿香屬，多年生草本，株高 0.3～1.5 公尺，全草具
芳香氣。莖直立，四棱形，疏被柔毛及腺體，多分枝，斷面中央
有白髓；單葉互生，葉片卵形或長卵圓形，先端漸尖，基部心
形，邊緣鋸齒狀，綠色，被微柔毛及腺點。輪傘花序聚成頂生穗
狀花序；花小，淺紫色或紫紅色；小堅果卵狀矩圓形，深褐色，
腹面具棱，頂端具硬短毛，種子千粒重約 0.3～0.5 克；花期一般

為 6～8 月，果期為 7～9 月。種子壽命 2～4 年。故隔年籽可以播種，種子萌發需要光照條件。

中國各地均有分布，多為栽培。喜溫暖潮濕氣候，有一定的耐寒性。全光照，生長適溫 21～24℃，對土壤要求不嚴，以排水良好的沙質壤土為佳；排水不良易引起根部腐爛。

一般作地栽。藿香忌根部積水，栽培用土需排水良好，盆栽選擇土質疏鬆透氣、肥沃、排水良好的沙質壤土，可以用園土、黃沙、泥炭、充分腐熟的有機肥混合配製。栽培的場所需日照充足，通風良好，夏季適度遮蔭，保持涼爽，根系良好也可不必遮蔭。澆水見乾見濕，不乾不澆，澆則澆透，不宜過勤，但也不宜過分乾燥，以葉片不發生萎蔫為度。每月施用腐熟的餅肥水 1～2 次。氮肥過多，光照不足易引起徒長，植株不夠強壯。株高 30 公分左右時可採摘頂芽，促使側芽生長，以後定期摘頂以使植株矮壯繁茂。也可以用植物生長調節劑來控制株型。冬季不澆水，稍覆土或覆膜，防止盆土過分乾燥，保護老苑越冬。開春轉暖後及時放封，自然恢復生長。

用種子繁殖或分根繁殖。多用種子繁殖，可春播，也可秋播。北方地區多春播，南方地區為秋播。春播在 3～4 月進行，秋播在 9～10 月進行。用腐熟人畜糞水與草木灰混合作基肥，將種子均勻地插入穴內，覆土 1 公分，稍鎮壓即可。7 天左右發芽，當苗高 12～15 公分時移栽。播種 10～12 週開花。

病害主要有褐斑病、斑枯病和枯萎病。發病初期噴灑 65% 多克菌可濕性粉劑或 47% 加瑞農 500～600 倍液。蟲害主要有紅蜘蛛、蚜蟲為害，用阿維菌素類藥劑防治。

草本花卉

百日草（*Zinnia elegans*）屬菊科，原產墨西哥。性喜溫暖，耐乾旱，好陽光，亦能耐半陰。多生於疏鬆肥沃、排水良好的土壤中，生長期間以 15～20℃ 左右的溫度為好。

百日草為一年生草花，莖高 60～100 公分，全株密生茸毛。舌狀花為倒卵形，很像菊花；有單瓣、複瓣、重瓣等；花色有白、黃、紅、洋紅及玫瑰紫等。花期長達 3 個月，花色可保存到種子成熟時不退，故有「百日草」之稱。百日草是枝頂開花。頂花開放後，下面葉腋又抽生側枝，側枝的頂端繼續開花。因此，隨著植株的伸長，節節抽枝，節節開花。如果讓它自然生長，植株多呈高體型，遇風容易倒伏。所以盆栽百日草要注意摘心，使它多發側枝，以形成豐滿多花的低矮株型。

百日草多用種子繁殖。多於 4 月中下旬播種，播後澆水，蓋草保潮，約一週後開始發芽出苗。如幼苗過密，可稍加間苗，使它長得粗壯；當長出 4～5 片真葉時，即可移栽或定植，同時進行第一次摘心。6～7 月份可開花。如果布置庭園或花壇需要大量花苗，可利用摘心的枝梢進

2. 養花技術

行扦插繁殖。

地栽百日草要先在苗床上用過磷酸鈣、豆餅、草木灰或糠灰等施足底肥。栽後要加強肥水管理，每隔 10～15 天追肥 1 次，並結合摘心，誘發側枝，以收到枝繁葉茂、花團錦簇的效果。

另外，還有矮型種小百日草，莖高僅 30～40 公分，也生有茸毛。葉對生，呈卵圓形。為頭狀花，花型較百日草小，花徑只有 3～5 公分。但花色艷麗，有白、黃、紅、洋紅、玫瑰紫等色，而且富有香味。花期 6～9 月份，為盆栽觀賞的良好品種。

百日草為異花授粉植物，容易雜交，造成品種退化，所以開花期應注意保留良種。發現不露心的顏色鮮艷的重瓣大花良種時，應隔離放在另外的壠裡，避免雜交。

鳳仙花（*Impatiens balsamina*）又名指甲花，原產中國及印度，為鳳仙花科的一年生草本花卉。株高 40～80 公分，莖光滑，肥厚多汁，有白、綠、褐、暗紅等色，常與花色相關。花有白、粉紅、紅、紫、黃、橙等色，也有單瓣、半重瓣、重瓣之分，並有薔薇型、茶花型等。種子成熟即彈裂撒出，應及時採收；種粒較大，圓形，黃褐色，耐貯藏，發芽力可維持 5～6 年。5～8 月份開花，果熟期 7～9 月份。

鳳仙花全草入藥。種子作藥名為「急性子」，性溫、微苦、有小毒，具活血、通經、軟堅、消積的功能，可治閉經、難產、

常見花卉栽培

軟骨鯁（骨鯁咽喉）、腫塊聚積、鵝掌瘋
等症。將花瓣加明礬搗碎成泥，可染指
甲，故俗稱「指甲花」。鳳仙花品種繁
多，色彩豐富，在中國花卉栽培史上曾大
放異采，清代藥物學家趙學敏著有《鳳仙
譜》，詳盡地記載了鳳仙花 200 多個品
種。鳳仙花多用作布置花壇、花徑及盆栽
觀賞，也可作切花。以矮性重瓣花密者為
優良品種。

鳳仙花 4～5 月播種於露地，喜疏鬆肥沃的沙質壤土。生長
期間，宜陽光充足，勤施肥，不必摘心。為了陸續開花，可分期
播種。在梅雨季節，要注意排漬，並使植株通風，否則易使根部
腐爛落葉。鳳仙花是天然自花授粉植物，異花授粉率不高。為了
選育品種，可選擇優良親本進行人工雜交，然後加強培育選擇。

美女櫻（*Verbena hybrida*）又名五色
梅，為馬鞭草科宿根性草本，常作一二年
生花卉栽培，原產南美熱帶地區，現在中
國栽培廣泛。

美女櫻喜陽光充足、濕潤的環境，肥
沃的土壤，比較耐寒，忌霜凍。莖高
30～40 公分，下部枝條多橫生，呈臥地匍匐狀，全株灰綠色，
有柔毛。花頂生，為穗狀花序，開花時有部分呈傘房狀。多係異
花授粉，所以花色繁多，有白、粉、藍、深紅、桃紅等。也有變
色的稀有品種，如花冠中央帶白色或黃色的斑紋。美女櫻花期較
長，4～10 月份，花開花謝，逐朵凋落。

2. 養花技術

美女櫻植株高矮整齊，分枝繁密，花頭多，
顏色鮮艷。常栽於湖邊、山坡，充作地被植物，
也是布置花壇、花徑的良好材料。

美女櫻春、秋播種均可，春播可布置花壇。
也可在 6～7 月用扦插繁殖。美女櫻的種子成熟
較晚，若要選留良種，應在霜降前將選留的母株
移入室內越冬，次年春可提早開花。應分色收
種，分色扦插，以便分色布置花壇。

美女櫻枝條多臥地橫生，移栽時最好選小
苗，以免枝條折斷或傷根，造成緩苗時間長，枝
葉枯黃，降低觀賞價值。

矮牽牛（*Petunia hybrida*）又名靈芝
牡丹，係茄科多年生草本，常作一年生花
卉栽培。株高 20～45 公分，全株具黏
毛，莖稍直立或傾臥。花單生葉腋或枝
端，有單瓣、重瓣之分，花色有白、粉
紅、紅、紫、菫、赭、近黑色及各種斑
紋；花大，直徑可超過 10 公分。花期 6～11 月份，果熟期 9～10
月份。矮牽牛原產南美南部，性喜陽光充足、氣候溫暖的環境，
不耐寒，畏霜凍，喜排水良好、疏鬆的微酸性土壤。夏天炎熱，
開花茂盛，天氣陰涼則葉茂花少。

矮牽牛多採用播種繁殖，露地宜暮春播種。如果要提早花
期，可提前在溫室或冷床播種，溫度保持在 18℃ 左右，出苗
後，溫度保持在 15℃ 左右。因種粒較小，播種時覆土宜薄。移
栽幼苗時要帶土球。矮牽牛實生苗多出變種，為了保持優良品種

的特性，可採用扦播繁殖。冬天，家庭養花應將母株移入室內向陽處，保持適當的水分，就能安全過冬，次年繼續生長，開花不絕。

矮牽牛花期長，花色多，可布置花壇、花徑，大花及重瓣花可作盆栽觀賞。冬天若作溫室盆栽，可供四季觀賞。

同屬常見栽培種有下列兩種：

（1）**腋花矮牽牛**：一年生草本，高 30～60 公分。葉長橢圓形。單花腋生，色純白，夜間開放，有香氣。

（2）**紫花矮牽牛**：一年生草本，全株密生腺毛，莖細長，多分枝。葉卵圓形。花頂生或腋生，花色為紫堇。

長春花（*Catharanthus roseus*）又名四時春，係夾竹桃科常綠亞灌木狀草本，作一年生花卉栽培。莖高 40～80 公分，上部多分枝。幼葉紅褐色，主脈基部淡紅紫色。花單生或腋生於葉腋。果 2 枚，圓柱形。

長春花原產歐亞熱帶，現各地廣為栽培，中國主產地是廣東、廣西及雲南等省區，長江以南也有栽培。長春花性喜溫暖，不耐嚴寒。花期 6～10 月份。

長春花全草可入藥，治急性淋巴細胞性白血病、淋巴肉瘤、高血壓等病。它含有 70 多種生物鹼，其中 6 種生物鹼有抗腫瘤

作用。長春花有毒，可用作配植花壇，也可盆栽觀賞。

　　長春花多採用播種繁殖，4 月播於露地。苗高 4～5 公分定植。因長春花的主根發達，鬚根較少，移栽時如幼苗過高，則不易帶土球，影響成活。苗高 7～8 公分時摘心 1 次，促生分枝，以後再摘心 2～3 次。果實成熟期不一，成熟後及時採收，以免散失。

　　翠菊（*callistephus chinensis*）又名藍菊、七月菊，係菊科一年生草本花卉，全株疏生短毛。莖直立，多分枝，高 30～80 公分。葉互生，卵形至橢圓形，有粗鈍鋸齒，上部葉無毛。頭狀花序單生枝端，舌狀花 2～4 輪，有玫瑰、紅、雪青、紫、淺紅及白色等。莖色常與花色相關，如紫莖者多為深色花，綠莖者多為淺色花。栽培品種很多，多根據花型分為單瓣型、芍藥型、菊花型、鴕羽型、托桂型、放射型。

　　翠菊花清香。花、葉性甘平，均可入藥。盆栽或作切花插瓶，可經久不凋。因其姿色優美，品種繁多，常用作布置花壇。

　　翠菊係半耐寒草本花卉，華北一帶栽培較多，現各地均有栽培。冬季比較暖和的地

常見花卉栽培

區，可作二年生花卉栽培。它喜陽光，喜肥沃、較濕潤而排水良好的沙質壤土。

　　翠菊多採用播種繁殖，從春天一直可播到8月，一般多在初夏播種。因為它是淺根性植物，如果播早了，植株易倒伏。幼苗高5公分即行移栽，莖高10公分即可定植或上盆。在栽植或上盆時，應用充分腐熟的肥料作底肥。生長期可追施稀薄肥液1～2次。翠菊雖喜濕潤，但也不能過於潮濕，否則易引起倒伏或染病害。不能連作，隔3～5年應換地重栽，或在原栽植地噴灑波爾多液消毒。

　　含羞草（*Mimosa pudica*）屬豆科多年生草本，作一二年生植物栽培。根褐色，側根較少，鬚根多。莖紫褐色，上有針刺及細絨毛。葉互生，葉梗細長，4片羽狀複葉著生在總葉梗的先端，小葉廣線形。葉與梗均能作伸縮運動，當植株受到刺激時，小葉閉合，葉梗下垂。夜間作休眠下垂狀。許多小花簇生於莖上，形成球狀花序，花色粉紅，外表似絨毛狀白粉色，花瓣4片。7～9月份開花。花落後，集生莢果，成熟時變成黃色，種子深褐色。

　　含羞草性喜陽光充足的栽培環境及排水良好、富含有機質的沙質壤土。一般多用播種繁殖。播種後，保持適量水分及陽光，出苗率較高。苗高3公分左右時即可上盆分栽，栽後澆足水，放在陰涼處，經過2～3

天再移到陽光充足的地方。開始用小盆，等根長滿後再換大盆。

三色堇（*Viola tricolor*）為堇菜科多年生草本，作二年生栽培。莖高15～25公分，全株光滑，分枝很多。花生長於葉腋，花朵較大，下垂，通常為黃、白、紫、藍等色，形成人面形花冠，俗稱「貓子臉」。

近些年來，經過選種和雜交育種，三色堇出現了許多新品種，有的花大、色純，有的為復色和雜色，有的花瓣邊緣呈波浪狀。三色堇較耐寒，喜歡涼爽氣候和疏鬆肥沃的富含腐殖質的壤土。花期2～6月份，種子成熟期5～7月份。

盆栽三色堇，當幼苗有分枝時，先栽在頭沖盆內，栽好放在陰處，3天後移到日光充足的地方，隔半月施肥1次。翌春3月，再換中盆培養。

三色堇是一種良好的庭園花卉，多種植於花壇、花徑的邊緣，或盆栽裝飾窗臺、茶几，饒有雅趣。

紫羅蘭（*Matthiola incana*）屬十字花科一二年生或多年生草本花卉。莖直立，有灰色的星狀柔毛，高約30～60公分，基部稍微木質化。總狀花序，頂生，花色紫或帶紅；果實為圓柱形長角果，米

黃色，種子有翅。

變種有香紫羅蘭，一年生，較矮小，花期早，香氣濃，有白色、雜色等重瓣品種。

紫羅蘭原產地中海沿岸，喜涼爽，耐半陰，忌燥熱，宜生長在陽光充足、通風良好的地方。花期較長，春、夏、秋三季，繁花滿枝，但以春花最盛。5～6月份種子成熟。

紫羅蘭多採用播種繁殖，8～9月份播種於花盆，用浸水法使盆土濕潤，半月發芽成苗，次年「五一」節前後開花。

幼苗移栽要注意帶土球，避免傷根，影響成活。株行距以30公分見方為好，不能太密，否則通風不良，易遭病蟲為害。如果植株高大，可在花後進行修剪，追肥1～2次，促發側枝，6～7月份間又可第二次開花。

香紫羅蘭為常見的花卉，又名紅金雀，為良好的切花材料，也是布置花壇、花徑的好材料。若要分期開花，可分期播種：如需5月開花，可於1～2月份在溫室播種；7月開花，4月播種；8月開花，5月下旬播種；2～3月份開花，則前一年7月播種。

花菱草（*Eschscholtzia californica*）又名人參花、金英花，為罌粟科多年生草本，常作一二年生花卉栽培。株高30～70公分，多分枝或鋪散生長，全株被白粉，灰綠色，有汁液。花單生於莖或分枝頂

2.養花技術

端，花橘黃或黃色，也有乳白或粉紅色的，容易脫落。蒴果長 7 公分左右，有棱，2 枚果片裂開，內含多數種子。

花菱草性喜陽光，耐寒，喜乾燥，不耐濕熱，喜疏鬆、排水良好的沙質壤土。一般園土均可生長良好。在炎熱多雨的夏季，大部分植株枯死，秋涼後，莖基仍可恢復生長，再次開花，但花小而少。花期 5～7 月份，白日開放，夜間閉合。7～8 月份果熟。

花菱草一般用種子繁殖，多於 4 月間直播，播後覆土，幼苗出現 5～6 片真葉時，就可間苗或定植。株行距 20 公分左右。若在苗床上育苗，移栽時必須帶土球，因花菱草直根肥大，鬚根少，不耐移栽。栽植地要用堆肥作底肥，生長開花期適時追肥，不宜澆水過多。

花菱草的花期較長，葉姿優美，可作布置花壇、花徑及切花之用，也可盆栽。唯其花瓣易脫落，有待研究改進。

福祿考（*Phlox drummondii*）又名草夾竹桃、桔梗石竹，屬花蔥科多年生草本，作二年生花卉栽培。植株高 15～30 公分，莖直立，長大之後，多呈鋪散。花數朵呈聚傘花序，頂生；有紅、深紅、紫、紫紅、藍紫、白或雜色等。蒴果橢圓形，長約 5 毫米；種子長約 2 毫米，棕色，矩圓形。

福祿考原產北美。性喜涼爽，較耐寒，喜陽光充足的環境。

一般對土壤要求不嚴格，但喜排水良好的土壤，忌過肥或鹼地。

福祿考通常採用種子繁殖，也可用扦插或分株繁殖。一般 9 月份播種，不能覆土過厚。幼苗經移栽 1～2 次後，定植於花壇。在生長期間，追肥 1～2 次。5～7月份開花，7～8 月份種子成熟。

福祿考植株高度適宜，花期長，花色豐富，可選作布置花壇或點綴岩石園，也可作切花用。

萬壽菊（*Tagetes erecta*）為菊科一年生草本。莖粗壯光滑，株高 60～90 公分。葉緣有腺體，用手揉碎葉片，就會聞到濃烈的異臭，所以又叫臭菊花。頭狀花序，花黃色或橘紅色，單生，多為重瓣。花期 6～10 月份。果實 10～11 月份成熟。

萬壽菊原產墨西哥。喜溫暖、濕潤的環境條件，對土壤要求不嚴。既耐移栽，又生長迅速。在向陽處生長較好，在半陰處也能開花。

萬壽菊花大色美，花瓣豐滿重疊，花期長達數月之久，是布置秋花壇的重要材料。多栽植於庭院作花壇、花徑或栽植於草地邊緣。還可盆栽。作切花瓶插，也很理想。

萬壽菊一般用種子繁殖。春季 3～4 月份在庭院直播或盆播育苗，5 月下旬定植。也可用扦插繁殖，在 6～7 月份取長約 10

公分的嫩枝，直接扦插於庭院，遮蔭覆蓋，生根迅速。種子落在地上，在適宜的溫度和濕度條件下，可以自生自長。萬壽菊是一種適應性很強的一年生花卉，對水肥要求不嚴，但在過分乾旱時，應適當澆水。高、中莖種需設支柱，以防風吹倒伏。夏季要適當修剪，以控制高度。炎夏容易發生紅蜘蛛為害，應及時防治。

桂竹香（*Cheiranthus cheiri*）又名華爾花、黃紫羅蘭，為十字花科桂竹香屬二年生或多年生草本。株高 30～60 公分。總狀花序頂生，花芳香，花瓣 4 枚，黃色或黃褐色，變種花色有白、黃、橙、血紅、深淺玫紅、玫紫等。還有重瓣種和株高 20 公分左右的矮生重瓣種。花期 4 月。

桂竹香能耐寒，喜排水良好的壤土，但不耐移植。為早春花壇材料，也可盆栽。

桂竹香一般才用種子繁殖，其方法是：於 9 月初播種於露地苗床，發芽迅速整齊。重瓣種可用扦插法繁殖，選取未木質化、生長旺盛的枝條，於夏秋扦插於沙

床，上蓋玻璃，注意蔭蔽，容易生根。也可在春夏播種，培育初冬室內盆花。

幼苗經 1 次移植後，於 11 月初定植。移植時間宜早，注意勿損傷根部，使之在嚴冬來臨前發棵。株距約 30 公分。

種子含油量達 26%，為良好的工業用油，花可入藥，有瀉下通經之效。

瓜葉菊（*Senecio cruentus*）為菊科多年生草本花卉，園藝上多作一二年生花卉栽培。葉大，心臟狀卵形，似葫蘆科的瓜類葉片，因而得名。葉色翠綠，背面有時帶紫色。花色除無黃色外，其他顏色均有，通常還帶白邊，其中以藍色為上品。花期 2～5 月份。

瓜葉菊品種極多，根據花的大小可分為大花型、星型、多花型 3 種類型。

瓜葉菊性喜冷涼，不耐高溫，夏秋播種，冬春開花。冬季要求充足陽光。喜肥沃疏鬆的土壤，要求 pH 值 6～7.5 之間。適於低溫溫室或冷床栽培。

瓜葉菊繁殖以播種為主。夏季炎熱時，為了避免品種丟失或延長花期，常採取分批播種，即 8 月上旬 1 次，8 月中下旬 1 次，9 月上旬 1 次。播種後 20 天左右，幼苗長出 2～3 片真葉時進行第一次移苗，仍移栽在播種盆中，株行距 3 公分×3 公分，要注意盡量不傷根，栽後用細嘴噴壺灑水，開始放在蔭棚內，待幼苗恢復後，移到日光下。

幼苗長出 4～5 片真葉時，切忌暴雨。約在 10 月中下旬上頭

沖盆，以後保持 10～13℃ 的室溫和較高的空氣濕度，每天噴灑批水。約於 12 月上中旬，幼苗葉已長出盆外、根已長滿花盆時，可換成放樣盆，除原盆土外，再加些肥渣子土。每週澆 1 次透水，平時乾了就批水，每天進行葉面噴水。

瓜葉菊生長達 4 層葉片時，盆與盆之間應有一定的空隙，以 20 公分為宜，過密則引起徒長變形。隨著植株的生長，每隔 1～2 週要將盆距調整 1 次。瓜葉菊喜光，向陽性較強，必須放在溫室南面，並定期轉盆，以保持植株端正，不發生偏斜。

瓜葉菊易生白粉病，往往由高溫引起。應以預防為主，即注意通風降溫，幼苗防止雨淋，清除病株或摘除病葉。發病後，可噴灑 25% 粉鏽寧可濕性粉劑 500 倍液或 10% 世高水分散劑 2000 倍液防治。

瓜葉菊在溫室內容易發生蚜蟲及紅蜘蛛為害，在幼苗期可用 5000 倍液的愛福丁或吡蟲啉噴霧，大苗可用 3000 倍液的 3% 莫比朗乳油或 5% 尼索朗乳油噴霧。

蒲包花（*Calceolaria hrbeohybrida*）原產墨西哥、秘魯、智利，紐西蘭也有發現。它的花色美麗而奇特，植株不甚高。多為溫室盆栽。

蒲包花為玄參科二年生草本植物，高 30～40 公分。花色有乳白、黃、紅、紫

等單色的，有黃、白等底色上現虎斑或條斑的。花期長，通常在 3～5 月份。

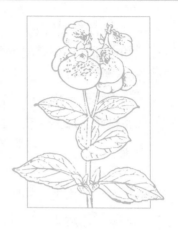

蒲包花主要用播種繁殖，播種時間為 8～9 月份，不宜過早。夏、秋高溫期，幼苗容易腐爛，可採取分期播種，如 10～15 天播 1 次，有條件的可在高山地區進行播種育苗。播種盆可用輕鬆的腐葉土，並進行土壤消毒。它的種子很小，不必覆土，用浸盆法給水。約 7～10 天即發芽，幼苗期要保持較高的空氣濕度。

當長出 2～3 片真葉時，即應分苗，仍用淺播種盆，盆土與播種時一樣，株距為 3～4 公分。移植後，放在陰涼處，待恢復生機後，再放在通風和光照好的地方。分苗後長出 5～6 片葉子時，即上盆定植。

蒲包花較嬌嫩，喜低溫，不耐高溫，但越冬溫度又須保持在 8℃左右。土壤乾燥時可澆水，但澆水過多會引起根部腐爛。澆水時，葉面不要淋濕。室內地面走道要經常噴水，以保持較高的空氣濕度，陰天、夜晚及花序抽出時不要噴水。還應注意空氣流通。蒲包花喜光，但光照太強時，又需進行遮蔭。11 月入溫室後，冬季日照短，若每天補充光照 6～8 小時，可提前在元月底開花。要求疏鬆、微酸性，並且通氣良好的土壤。

蒲包花黃色種易結實，紅色種需人工輔助授粉，否則很易丟失品種。蒲包花定植後，每 7～10 天追肥 1 次，注意不要沾污葉面，否則會造成死斑，影響植株生長及觀賞。

大展好書　好書大展
品嘗好書　冠群可期

大展好書　好書大展
品嘗好書　冠群可期